目录

零起步钩出甜蜜宝贝装
2~3岁宝宝的钩针小衣物

U0350426

钩针日制针号换算表

日制针号	钩针直径
2 / 0	2.0mm
3 / 0	2.3mm
4 / 0	2.5mm
5 / 0	3.0mm
6 / 0	3.5mm
7 / 0	4.0mm
7.5 / 0	4.5mm
8 / 0	5.0mm
10 / 0	6.0mm
0	1.75mm
2	1.50mm
4	1.25mm
6	1.00mm
8	0.90mm

活力四射！

① 插肩袖式小线衣

胸前带有简洁大方的
"ECO KIDS"的字样。

毛线：ECO KIDS
编织方法：33页
模特款尺寸：100cm

"晚安，熊宝宝"
的图案参见26页，
编织参见76页

25b

2

3

4

2 红色连帽背心

带上帽子，变装成夏天的"小红帽"。

毛线：ECO KIDS

编织方法：36页

模特款尺寸：90cm

3 4 草莓与菠萝式样的小挎包

在包包里放入些小点心，宝宝一定会非常开心。

毛线：ECO KIDS

编织方法：草莓款 39页
　　　　　菠萝款 40页

⑤ 用花朵图案拼接成的中长款背心

橙色与网眼的完美搭配！
毛线：ECO KIDS
编织方法：42页
模特款尺寸：100cm

⑥ 小花朵图案的挎包

往包包里放入几块糖吧！像衣服上的口袋一样方便。
毛线：ECO KIDS
编织方法：41页

"晚安，熊宝宝"的图案参见26页，编织参见76页

25a

 8

浅蓝色的鸭舌帽和小挎包

夏天出门记得要戴帽子喔！还有，不要忘记小挎包。

毛线：ECO KIDS

编织方法：帽子 44页

小挎包 45页

7b的图案参见21页，编织参见44页

9 海军风的中长款背心

海军蓝使背心彰显成熟范。花朵图案
为衣服增添了几分可爱吧！

毛线：ECO KIDS
编织方法：46页
模特款尺寸：100cm

可爱的小·女孩

10 纯白背心

吊带背心。纯白的搭配宛若天使。

毛线：ECO KIDS

编织方法：50页

模特款尺寸：90cm

10

⑪ 水珠装饰便帽
⑫ 花朵装饰帽子

简单大方的便帽与花朵装饰的礼
帽均是百搭经典款。

毛线：ECO KIDS

编织方法：水珠装饰便帽 49页
　　　　　花朵装饰帽子 52页

13

14

13 14 与妈妈配套的女式背心

虽然是母女装，但是图案的位置不一样，妈妈款
在下摆处、宝宝款在上部。

毛线：ECO KIDS
编织方法：妈妈款 54页、宝宝款 56页
宝宝款尺寸（模特款）：90cm

15

15 16
和妈妈配套的女式开衫

在连衣裙上做些小搭配，让宝贝瞬间变公主！

毛线：ECO KIDS

编织方法：妈妈款60页
　　　　　宝宝款61页

宝宝款尺寸（模特款）：90cm

16

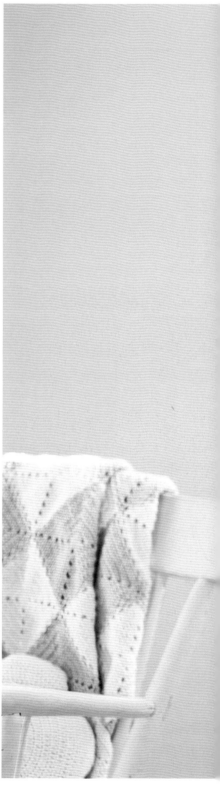

⑰ 嫩粉色的半袖小开衫

网状的小开衫上点缀着花朵图案。清凉
感的小开衫让宝宝瞬间变靓妹。

毛线：ECO KIDS
编织方法：62页
模特款尺寸：90cm

17

18 帅气的潮款背心

海军蓝背心搭配白色锁边，下摆的
锁边是一大亮点。

毛线：ECO KIDS
编织方法：66页
模特款尺寸：100cm

18

漂亮的帽子

19

20

7b

7a

19 7a 7b

全民时尚鸭舌帽

同一款帽帽。妈妈款搭配花朵,
宝宝款搭配纽扣或蝴蝶结等。

毛线：ECO KIDS

编织方法：妈妈款 68页
　　　　　宝宝款 44页

20

20 21a 21b
发带和头绳
再小的女孩也是淑女，喜欢扮漂亮。

毛线：ECO KIDS

编织方法：70页

21b

21a

午休过后是零食时间

22 23 24

云朵和绵羊式样的午休用品套装——枕头和毛毯

在绵羊和云朵式样枕头的陪伴下做个好梦吧!

毛线:ECO KIDS

编织方法:枕头 72页

毛毯 74页

22   23

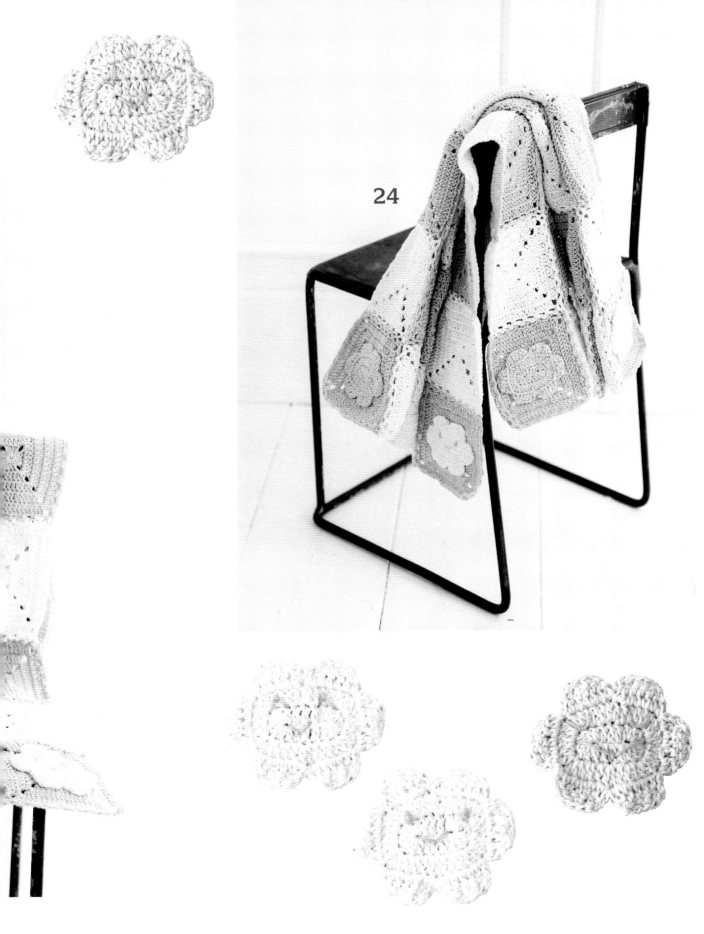

24

25a **25b**

晚安，熊宝宝

胖胖软软的熊宝宝，贴心陪伴，让宝宝时刻开心。

毛线：ECO KIDS
编织方法：76页

25a

25b

26

矢车草图案的杯垫

将冰凉的杯子放在杯垫上,
杯垫也变得清爽了!

毛线:ECO KIDS
编织方法:59页

27

28

27 28
樱桃缀饰的篮子、面巾纸盒套
让零食时间变得更加愉悦，孪生樱桃装饰。

毛线：ECO KIDS

编织方法：面巾纸盒套 78页

篮子 79页

作品一览

儿童款的编织方法均已90cm、100cm两种尺寸为准。
具体的尺寸参见编织方法页。

尺寸为90cm的宝宝款和妈妈款

②

红色连帽背心
（照片4、5页，编织方法36页）

⑩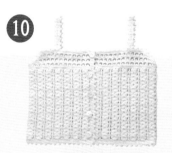

纯白背心
（照片10页，编织方法50页）

⑰

嫩粉色的半袖小开衫
（照片16、17页，编织方法62页）

⑬  ⑭

与妈妈配套的女式背心
（照片12、13页，编织方法：妈妈款54页、宝宝款56页）

⑮  ⑯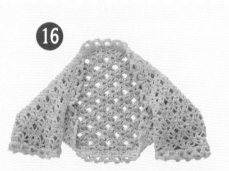

和妈妈同款的女式开衫
（照片14、15页，编织方法：妈妈款60页、宝宝款61页）

插肩袖式小线衣
（照片2、3页，编织方法33页）

用花朵图案拼接成的中长款背心
（照片6、7页，编织方法41页）

海军风的中长款背心
（照片9页，编织方法46页）

帅气的潮款背心
（照片18、19页，编织方法66页）

帽子及发饰

水珠装饰便帽
（照片11页，编织方法49页）

花朵装饰帽子
（照片11页，编织方法52页）

发带与头绳
（照片22、23页，编织方法70页）

全民时尚鸭舌帽
（照片8、20、21页，编织方法：妈妈款68页、宝宝款44页）

31

草莓与菠萝式样的小挎包
（照片4、5页，编织方法：草莓款39页、菠萝款40页）

花朵图案与浅蓝色的小挎包
（照片6、8页，编织方法：花朵款41页、浅蓝款45页）

矢车草图案的杯垫
（照片28页，编织方法59页）

樱桃缀饰的篮子与面巾纸盒套
（照片29页，编织方法：篮子79页、面巾纸盒套78页）

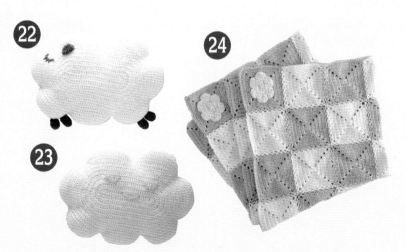

云朵和绵羊式样的午休用品套装——枕头与毛毯
（照片24、25页，编织方法：枕头72页、毛毯74页）

晚安熊宝宝
（照片2、7、26、27页，编织方法76页）

1

2页

需要准备的物品：

手工编织毛线：ECO KIDS（中细线）

100cm（90cm）：本白色（2）125g/5团（120g/5团）、茶色（11）60g/3团（60g/3团）、红色（9）10g/1团（10g/1团）、黄绿色（5）5g/1团（5g/1团）

直径1.3cm的扣子：1枚

钩针：4/0号

成品尺寸

100cm：胸围68cm，身长36cm，肩袖长29cm

90cm：胸围65cm，身长34cm，肩袖长27.5cm

针数：每10平方厘米中花样编织A 24针×12行，

每10平方厘米中花样编织B 25.5针×12行

编织秘诀：

编织前后身片及袖子时，起针后从锁针的里山处挑针开始编织。腋下、插肩线、领口、袖下的编织参照图片。在编织没有图片的侧面时，每织完一行要变换立针的方向，然后继续编织。腋下、袖下使用引拔方法锁针，插肩线使用茶色的双线、用引拔方法锁针（每行长针编织有2~3针引拔针）。缝制领子时，将左身片的锁边覆盖在领子的上面缝合即可。图案用黄绿色的双线缝制在毛衣上。

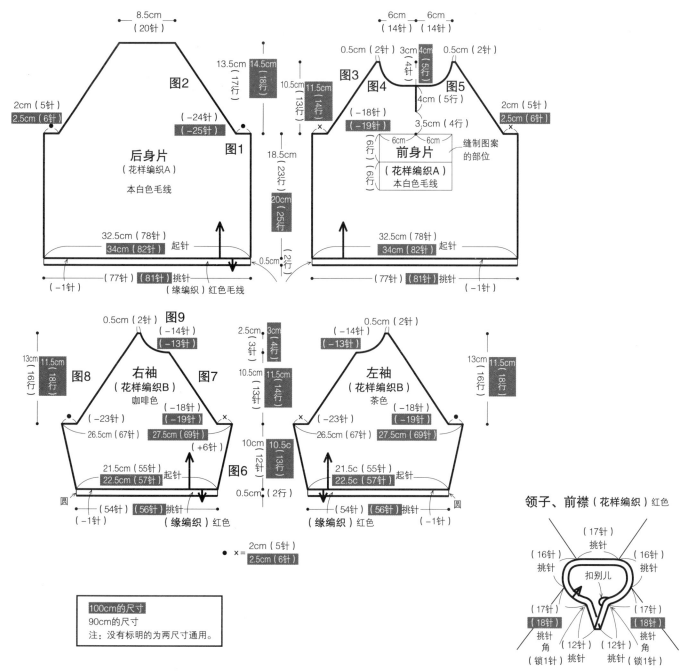

33

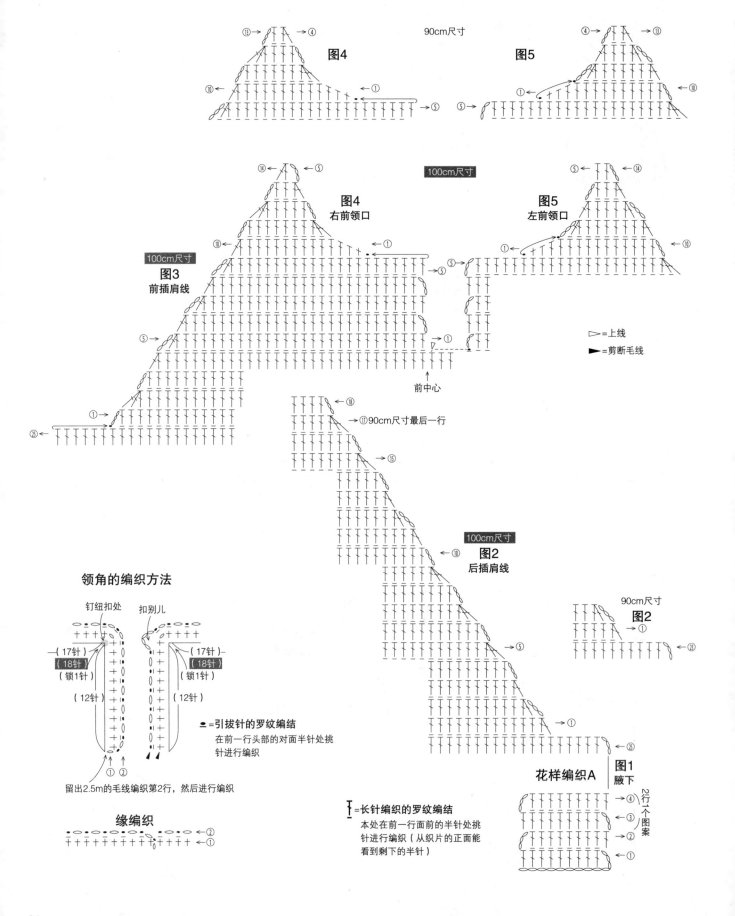

90cm尺寸

图4

图5

100cm尺寸

图4
右前领口

图5
左前领口

100cm尺寸
图3
前插肩线

前中心

▷=上线
■=剪断毛线

100cm尺寸
图2
后插肩线

⑰90cm尺寸最后一行

90cm尺寸
图2

领角的编织方法

钉纽扣处   扣别儿

（17针）   （17针）
（18针）   （18针）
（锁1针）   （锁1针）
（12针）   （12针）

■=引拔针的罗纹编结
在前一行头部的对面半针处挑
针进行编织

留出2.5m的毛线编织第2行，然后进行编织

缘编织

花样编织A
图1
腋下

2行1个图案

┠=长针编织的罗纹编结
本处在前一行面前的半针处挑
针进行编织（从织片的正面能
看到剩下的半针）

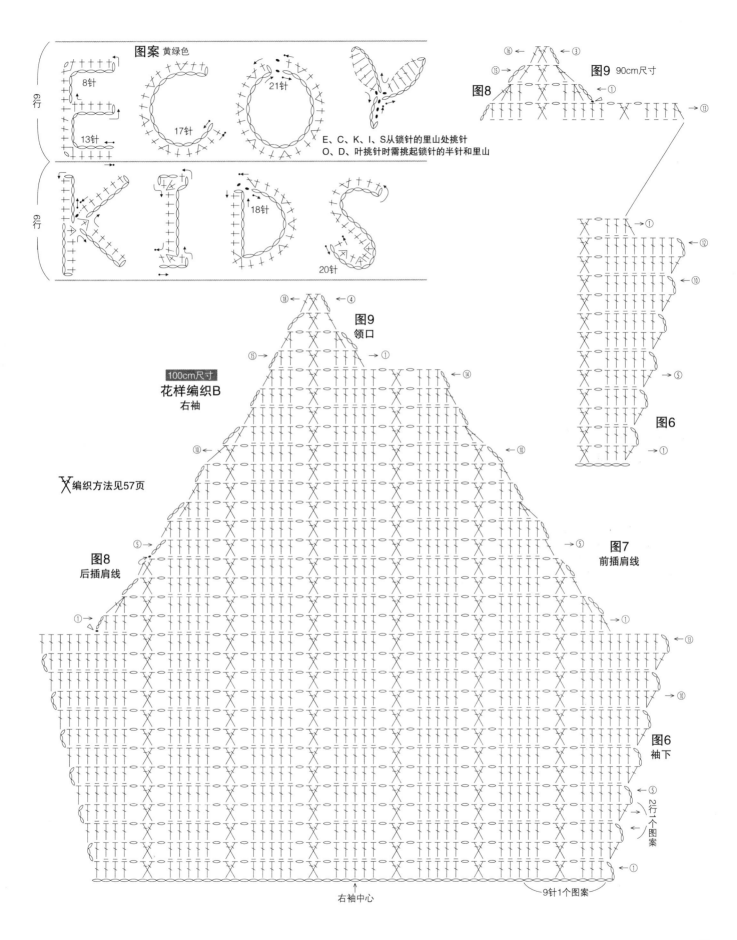

图案 黄绿色

8针
13针
E C O Y
17针 21针

E、C、K、I、S从锁针的里山处挑针
O、D、叶挑针时需挑起锁针的半针和里山

K I D S
18针 20针

图9 90cm尺寸

图8

图9
领口

100cm尺寸
花样编织B
右袖

X 编织方法见57页

图8
后插肩线

图7
前插肩线

图6
袖下

2行1个图案

右袖中心

9针1个图案

2
4页

需要准备的物品：
手工编织毛线：ECO KIDS（中细线）
90cm（100cm）：红色（9）180g/8团（190g/8团）
直径1.5cm的扣子：5枚
钩针：4/0号
成品尺寸
90cm：胸围69.5cm，肩宽23.5cm，身长35cm
100cm：胸围73cm，肩宽23.5cm，身长38cm
针数： 每10平方厘米中花样编织28针×12.5行
编织秘诀：
编织前后身片时，起针后从锁针的里山处挑针

开始花样编织。腋下、袖窿的编织参见图片，一直编织到肩部。在肩部将前后身片缝合，腋下使用引拔方法锁针，将前后身连接在一起。从前后身片挑针进行帽子的编织，帽子后边中间部分的编织需不断地加、减针，详见图片。将帽子上半部分对折后缝合，连在一起。缘编织，前端和帽子周围仅编织一行，下摆处编织两行。袖窿的部分转圈进行缘编织。

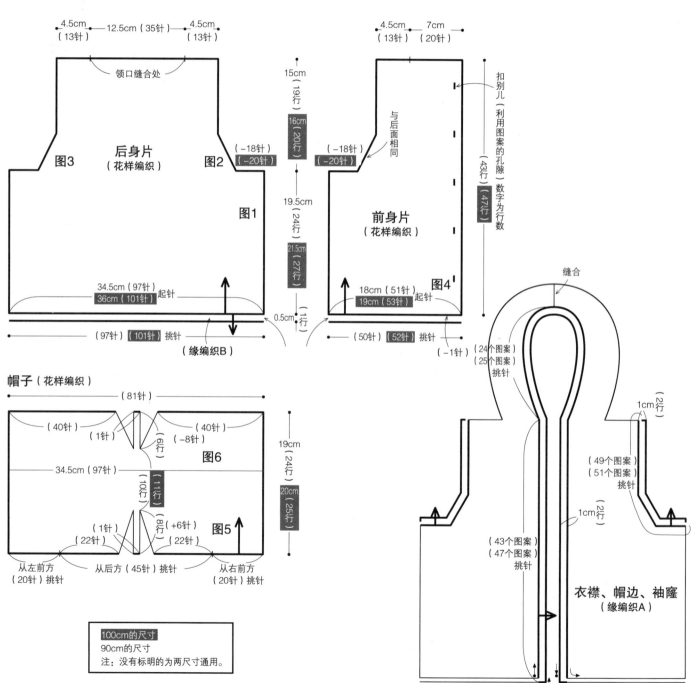

36

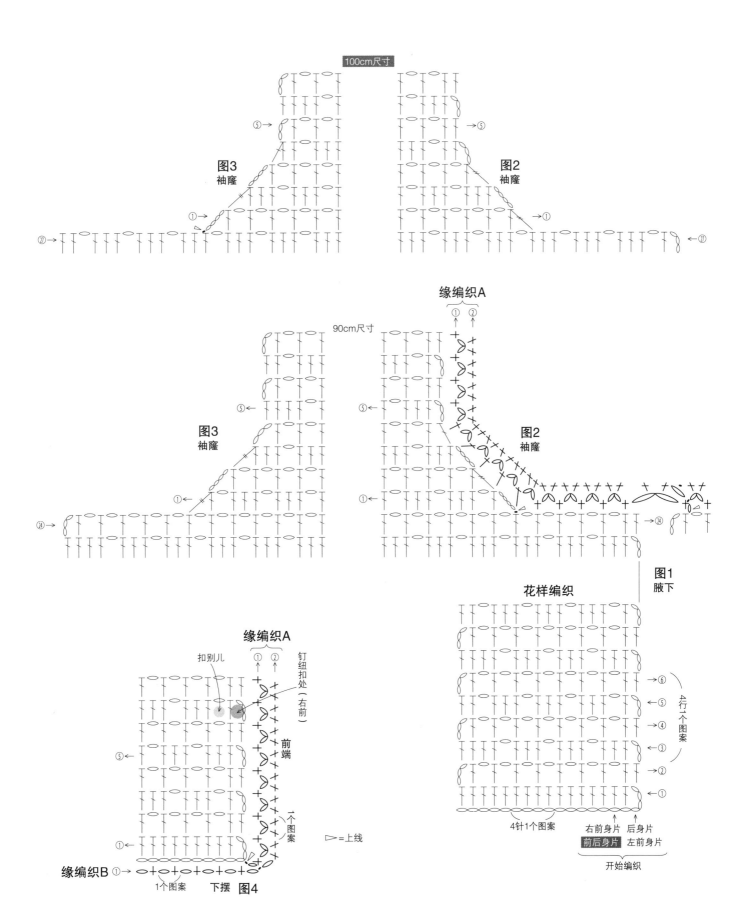

图6 帽子 90cm尺寸

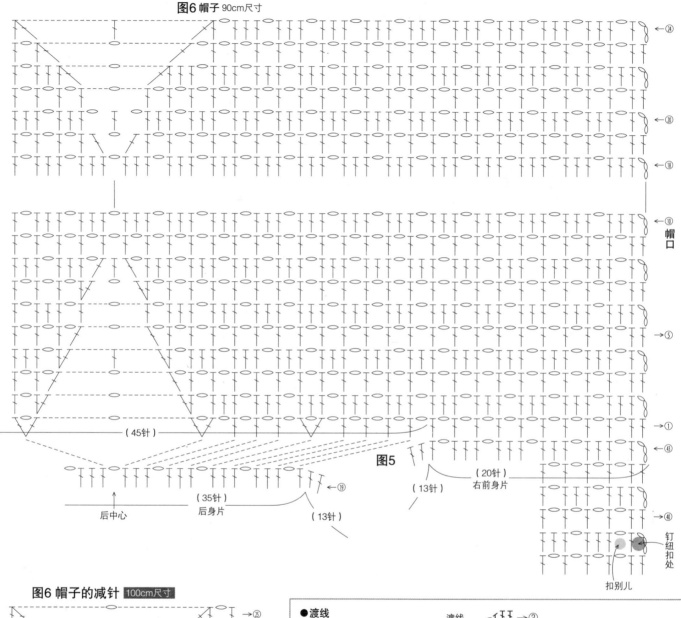

帽口

（45针）

图5

（35针）
后身片

后中心

（13针）

（13针）

（20针）
右前身片

←⑲

钉纽扣处

扣别儿

图6 帽子的减针 100cm尺寸

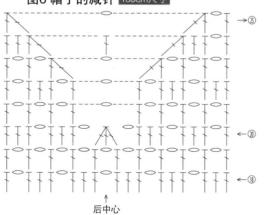

后中心

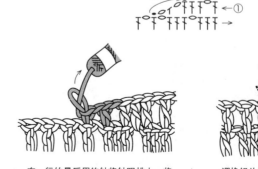

●渡线

渡线 →②
←①
→

挑出
渡线

在一行的最后用钩针将针眼挑大，将
线团穿过针眼，然后将针眼系死。

调换织片的方向继续编织第2行。将
毛线由指定的位置钩出，继续编织。

3
4页

需要准备的物品：
手工编织毛线：ECO KIDS（中细线）
红色（9）25g、黄绿色（5）10g/各1团
钩针3/0号

成品尺寸： 参照图示

针数： 花样编织23针 10cm×18行 10.5cm

编织秘诀：
用线头起圆形针，锁针1针后进行立针编织，

使用短针编织10针，开始编织。转圈反复进行花样编织。编织叶子时，从锁针的里山处挑针，编织叶子的一半；另一半从相隔半针的地方挑针编织；中间空出来的半针用来编织叶梗。叶子编织4枚，缘编织到第2行时，连同前一行一起用挑针将其与主体连接在一起。

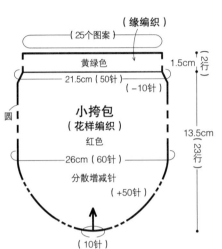

小挎包
（花样编织）
红色
分散增减针

绳子 黄绿色

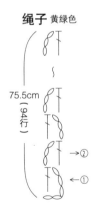

75.5cm
（94行）

叶子 黄绿色 4枚

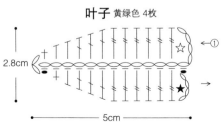

2.8cm

5cm

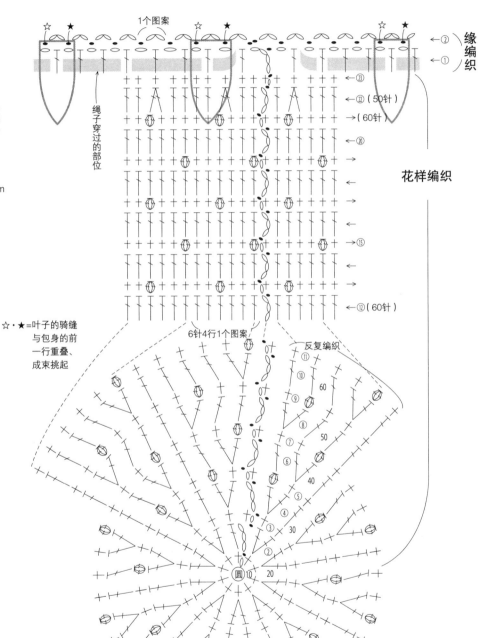

1个图案

缘编织

绳子穿过的部位

花样编织

☆·★=叶子的骑缝与包身的前一行重叠、成束挑起

6针4行1个图案

反复编织

圆10

4
4页

需要准备的物品：
手工编织毛线：ECO KIDS（中细线）
黄色（4）32g/2团、茶色（11）6g/1团
钩针：3/0号

成品尺寸： 参照图示
针数： 花样编织28针 10cm × 20行 10.5cm

编织秘诀：
用线头起圆形针，锁针1针后进行立针编织，

使用短针编织法织入6针，开始编织。编织叶子时，从锁针的里山处挑针，编织叶子的一半；另一半从相隔半针的地方挑针编织；中间空出来的半针用来编织叶梗。叶子编织4枚，缘编织时，连同花样编织的最后一行一起用挑针与主体连接在一起。编织绳子，将绳子穿过主体、两头系好。

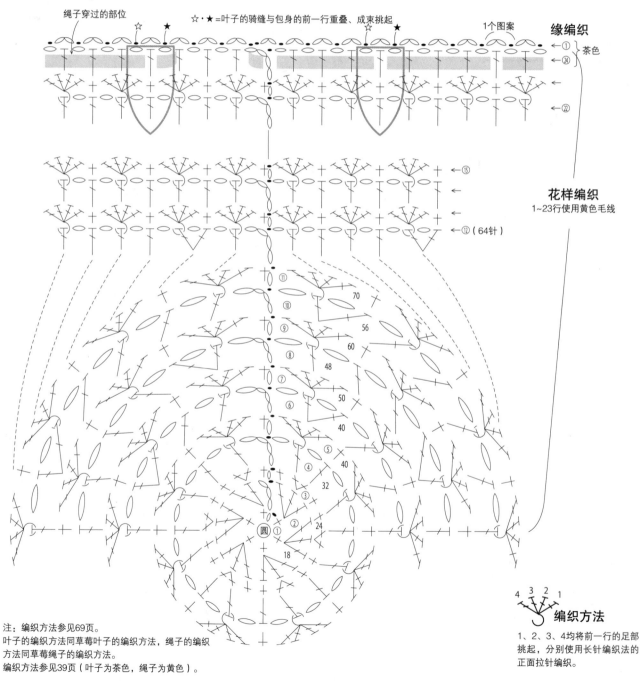

绳子穿过的部位

☆·★=叶子的骑缝与包身的前一行重叠、成束挑起

1个图案

缘编织
① 茶色
②④
②②

花样编织
1~23行使用黄色毛线
⑮
⑫（64针）

⑪
⑩ 70
⑨ 56
⑧ 60
⑦ 48
⑥ 50
⑤ 40
④ 40
③ 32
② 24
圆① 18

4 3 2 1
编织方法

1、2、3、4均将前一行的足部挑起，分别使用长针编织法的正面拉针编织。

注：编织方法参见69页。
叶子的编织方法同草莓叶子的编织方法，绳子的编织方法同草莓绳子的编织方法。
编织方法参见39页（叶子为茶色，绳子为黄色）。

40

需要准备的物品:
手工编织毛线:ECO KIDS(中细线)
本白毛线(2)18g/1团、黄绿色(5)10g/1团、红色(9)、橙色(8)各4g/各1团
钩针:3/0号

6
6页

成品尺寸: 参照图示
针数: 花样编织A10cm 26针×8行 6.5cm
编织秘诀:
从包身底部一侧锁针的里山处挑针进行编织,

编织出包包的一半。另一半从包身底部的另一侧锁针的里山处挑针进行花样编织。在缘编织的中间部分编织系纽扣的绳子。编织绳子时,在包身的一侧起针,用枣形针编织1行,共51针。然后用引拔针将其与包身的另一侧连接,接着编织第2行,返回到包身的一侧。编织花朵及扣子时,用线头起圆形针进行编织,织好后缝在包身指定的位置。

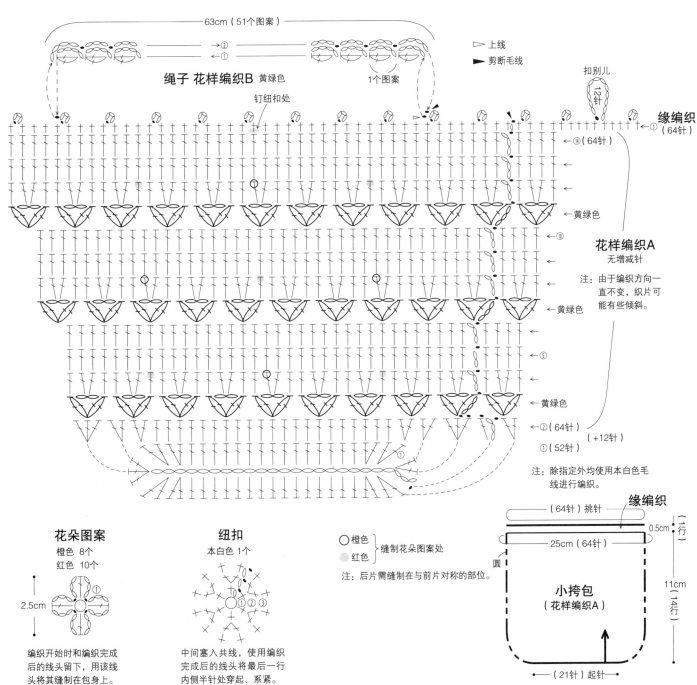

▷ 上线
► 剪断毛线

绳子 花样编织B 黄绿色

1个图案

钉纽扣处

扣别儿

缘编织
(64针)

花样编织A
无增减针

注:由于编织方向一直不变,织片可能有些倾斜。

黄绿色

黄绿色

黄绿色

②(64针)
(+12针)
①(52针)

注:除指定外均使用本白色毛线进行编织。

花朵图案
橙色 8个
红色 10个
2.5cm

编织开始时和编织完成后的线头留下,用该线头将其缝制在包身上。

纽扣
本白色 1个

中间塞入共线,使用编织完成后的线头将最后一行内侧半针处穿起、系紧。

○ 橙色
● 红色
缝制花朵图案处

注:后片需缝制在与前片对称的部位。

缘编织
(64针)挑针
0.5cm
(一行)
25cm(64针)
圆

小挎包
(花样编织A)
11cm
(14行)
(21针)起针

41

5
6页

需要准备的物品：
手工编织毛线：ECO KIDS（中细线）
100cm[90cm]：粉色（7）65g/3团[60g/3团]、橙色（8）55g/3团[55g/3团]、白色（1）40g/2团[40g/2团]
钩针：6/0号

成品尺寸
100cm：胸围64cm，肩宽21cm，身长42.5cm
90cm：胸围64cm，肩宽21cm，身长36.5cm

针数：主题图案直径4cm
编织秘诀：
编织图案时，起圆形针进行编织，注意编织的同时进行配色。从第2个图案的编织开始，在编织第2行时用长针编织将紧邻的图案连接在一起，不断进行编织。缘编织在编织第2行时，将前一行的锁针成束地挑起编织。让编织绳子穿过毛衣的胸部。将线头隐藏在同色织片的反面。

前后身片（用图案连接）100cm尺寸

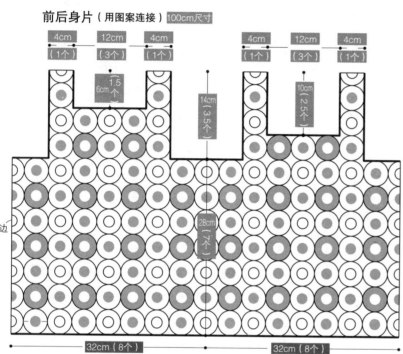

领子、袖窿、下摆（缘编织）100cm尺寸
橙色

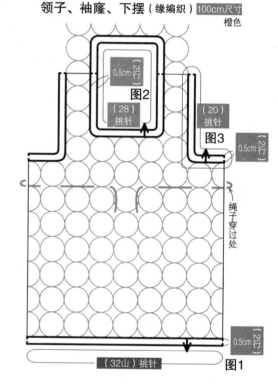

前后身片（用图案连接）90cm尺寸

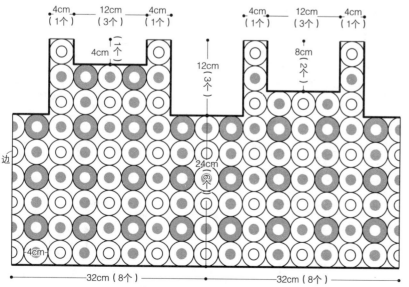

领子、袖窿、下摆（缘编织）90cm尺寸
橙色

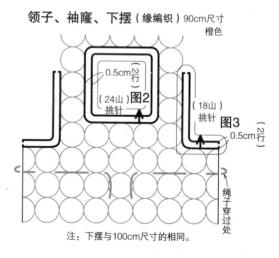

注：下摆与100cm尺寸的相同。

42

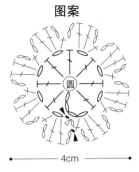

		第1行	第2行
	a	白色	橙色
	b	橙色	粉色
	c	粉色	白色

100cm的尺寸
90cm的尺寸
注：没有标明的为两尺寸通用。

绳子（细股手编绳）
102c（300针）
橙色

←—— 4cm ——→

注：图案的连接方法见48页。
　　细股手编绳的编织方法见58页。

▷ =上线
► =剪断毛线

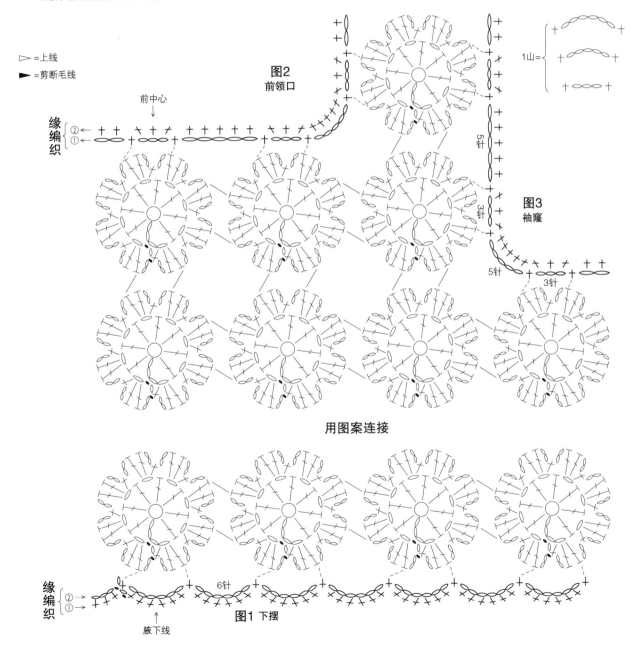

图2
前领口

前中心

缘编织 ②←
　　　 ①←

5针
3针

图3
袖窿

5针　3针

1山=

用图案连接

缘编织 ②→
　　　 ①→

6针

图1 下摆

腋下线

43

7a、7b
8页、21页

需要准备的物品：
手工编织毛线：ECO KIDS（中细线）
a 水色（6）50g、b 粉色（7）50g/2团
a、b 白色（1）20g/1团
a 直径2cm的核桃纽扣：1枚
　直径2.5cm的纽扣：2枚
钩针：4/0号

成品尺寸：头围50cm、深18.5cm

针数：每10平方厘米中花样编织26针×13行

编织秘诀：
起针后从锁针的里山处挑针，进行花样编织。

换色时不要切断毛线，在背面渡线进行编织。立针处不要留有空隙，每行错一针，转圈反复编织。编织到最上部还剩10针时，用毛线将每针的头部穿起、系紧。帽口使用短针编织法织3行，然后编织帽檐。给帽檐及帽口织边时使用背部短针编织法。a：包扣的编织。用织好的织片将纽扣包裹起来，将边缘用线穿起、系紧，缝在帽子顶部。b：制作蝴蝶结，然后缝在帽子上。

帽子主体（花样编织）
（10针）

包扣 浅蓝色

※帽檐及纽扣的编织方法见52、53页。

分散增减针（−140针）
（+20针）
57.5cm（150针）
50cm（130针）起针

17cm
22行

2.5cm
（6行）
（52针）
（43针）
（8针）
（78针）
（130针）挑针

1cm（3行）
0.5cm（1行）

帽檐
（短针编织）

（背部编织）

（短针编织）

注：除指定外一律使用浅蓝色
（粉色）毛线编织。

帽子主体
花样编织

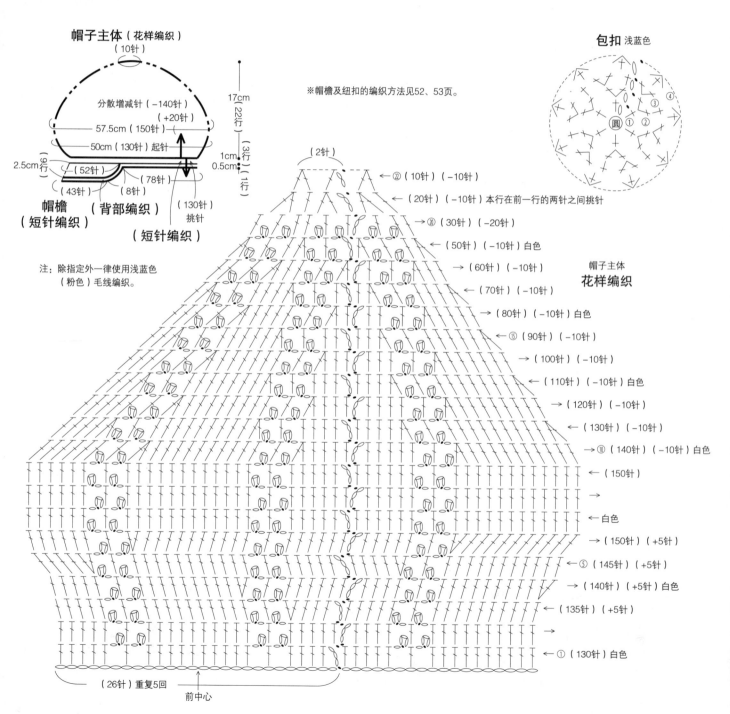

（2针）
←㉒（10针）（−10针）
←（20针）（−10针）本行在前一行的两针之间挑针
←⑳（30针）（−20针）
→（50针）（−10针）白色
→（60针）（−10针）
←（70针）（−10针）
→（80针）（−10针）白色
←⑮（90针）（−10针）
→（100针）（−10针）
←（110针）（−10针）白色
→（120针）（−10针）
←（130针）（−10针）
→⑩（140针）（−10针）白色
←（150针）
→
←白色
→（150针）（+5针）
←⑤（145针）（+5针）
→（140针）（+5针）白色
←（135针）（+5针）
→
←①（130针）白色

（26针）重复5回
前中心

需要准备的物品：
手工编织毛线：ECO KIDS（中细线）
水色（6）24g/1团、白色（1）8g/1团、黄色
（4）、粉色（7）、橙色（8）各4g/各1团
钩针：3/0号
成品尺寸： 参照图示
针数： 每10平方厘米中双钩针编织法、花色
编结28针×13行
编织秘诀：
从包身底部一侧锁针的里山处挑针进行编织，

编织出包包的一半。另一半从包身底部的另一侧锁针的里山处挑针进行编织。转圈编织，每行都要换编织方向。在缘编织的中间部分编织系纽扣的绳子。编织绳子时，在包身的一侧起针，用枣形针编织1行，共51针。然后用引拔的方法将其与包身的另一侧连接，继续编织第二行，返回到包身的一侧。编织小球时，起针和收针的线头要留的长一些，用这个线头将其连接在包身上。编织扣子，织好后缝在包身指定的位置。

8
8页

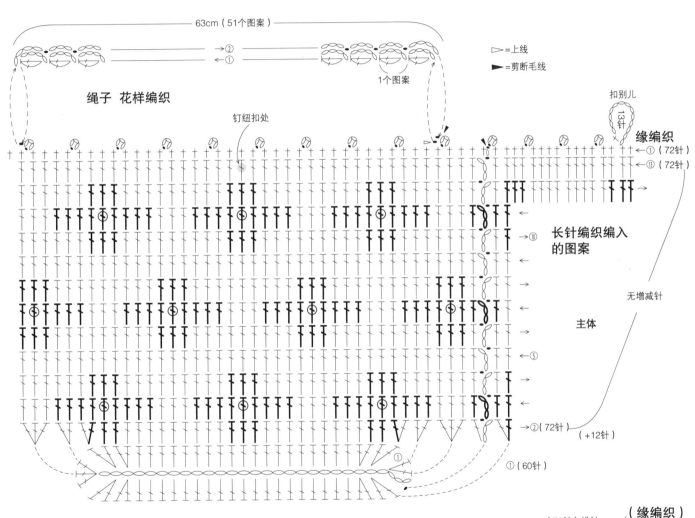

▷=上线
►=剪断毛线

绳子 花样编织

63cm（51个图案）
→②
←①
1个图案

钉纽扣处

扣别儿
13针

缘编织
←①（72针）
←⑬（72针）

长针编织编入的图案

无增减针

主体

→⑩

→②（72针）

（+12针）

①（60针）

┬=白色

注：除指定外一律使用
浅蓝色毛线编织。

毛线球 每种颜色6个

黄色：第3行
橙色：第7行
粉色：第11行

○=毛线球位置

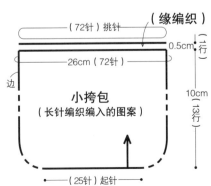

（72针）挑针

（缘编织）

0.5cm（1行）

26cm（72针）

边

小挎包
（长针编织编入的图案）

10cm（13行）

（25针）起针

注：纽扣的编织方法与41页作品6的编织方法相同（浅蓝色），
　　编入图案的编织方法见59页。

9
9页

需要准备的物品：
手工编织毛线：ECO KIDS（中细线）
100cm[90cm]，藏青色（10）170g/7团[155g/7团]
直径1.5cm的纽扣：1枚
钩针：5/0号、4/0号
成品尺寸：
100cm：胸围72cm，肩宽25cm，身长44.5cm
90cm：胸围64cm，肩宽25cm，身长42cm
针数：花样编织，1个图案是4.4cm×10cm、
11行（5/0号）；1个图案是4cm×10cm、11.5行

（4/0号）
编织秘诀：
背心的花样编织根据针的粗细调整针数，裙摆的设计是宽松型，因此侧面的花样编织请完全按照说明来做。袖窿、领口的编织参见图片，一直织到肩部。肩部用引拔的锁针订缝，侧面用引拔的金尾针缝合。裙摆、袖窿、领口使用短针编织法转圈编织。带子编成细的一股，穿在衣服腰身上，带子两端缝上事先编织好的花朵。

注：90cm尺寸的1~4图见48页。

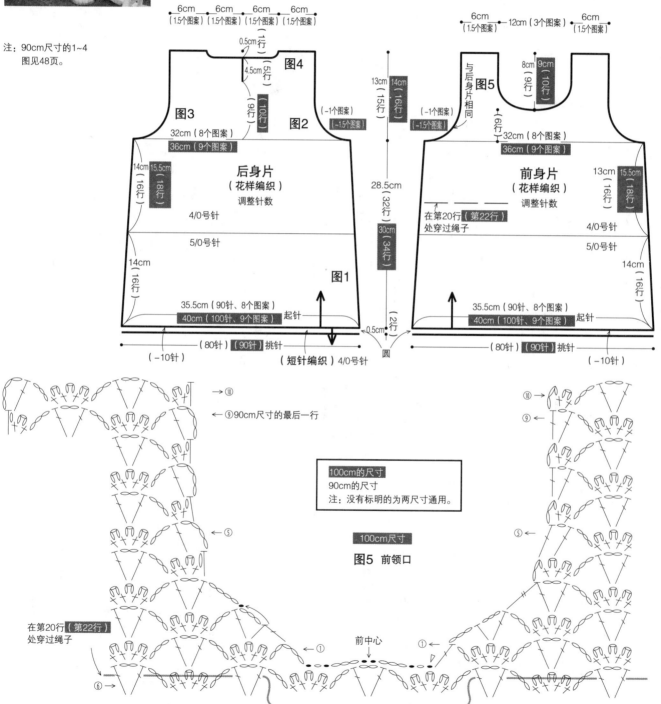

图5 前领口

100cm的尺寸
90cm的尺寸
注：没有标明的为两尺寸通用。

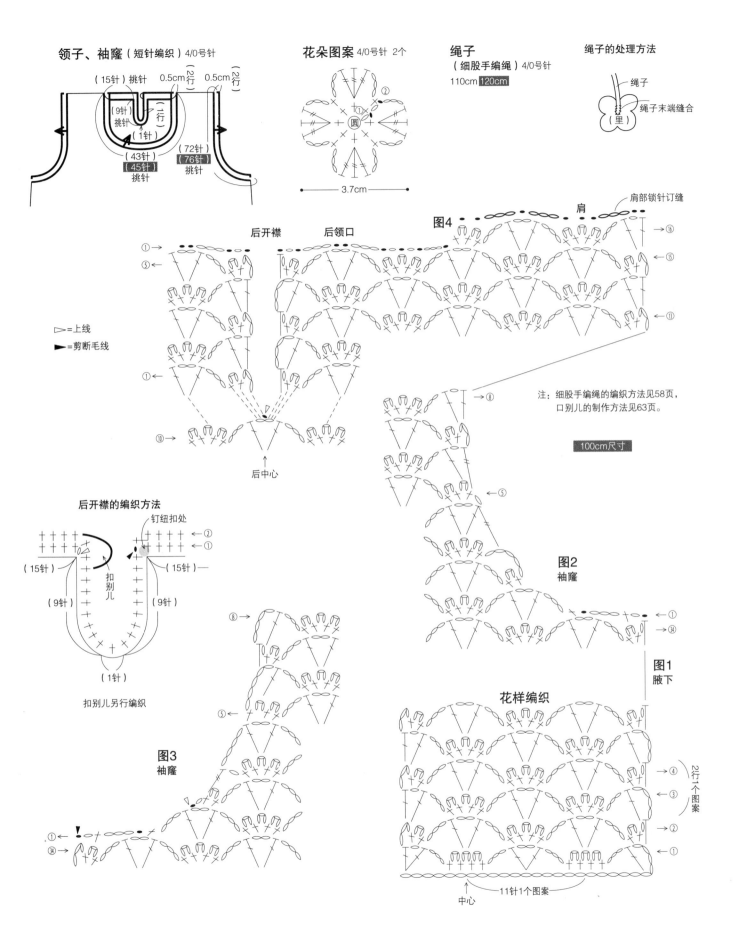

领子、袖窿（短针编织）4/0号针

（15针）挑针　0.5cm（2行）　0.5cm（2行）

（9针）挑针　（1行）　（1针）挑针

（43针）　（72针）

【45针】　【76针】挑针

挑针

花朵图案 4/0号针 2个

圆

3.7cm

绳子
（细股手编绳）4/0号针
110cm 120cm

绳子的处理方法

绳子

绳子末端缝合

（里）

图4

肩

肩部锁针订缝

⑯

⑮

⑬

后开襟　后领口

①→

⑤←

①←

⑩→

后中心

▷=上线

►=剪断毛线

⑧→

⑤←

图2
袖窿

①←

㉞→

后开襟的编织方法

钉纽扣处

（15针）　＋＋＋＋＋　←②

扣别儿　←①

（9针）　（9针）

（15针）

（1针）

扣别儿另行编织

注：细股手编绳的编织方法见58页，
口别儿的制作方法见63页。

100cm尺寸

图1
腋下

图3
袖窿

⑧→

⑤←

①←

㉞→

花样编织

④→

③←　2行1个图案

②→

①→

11针1个图案

中心

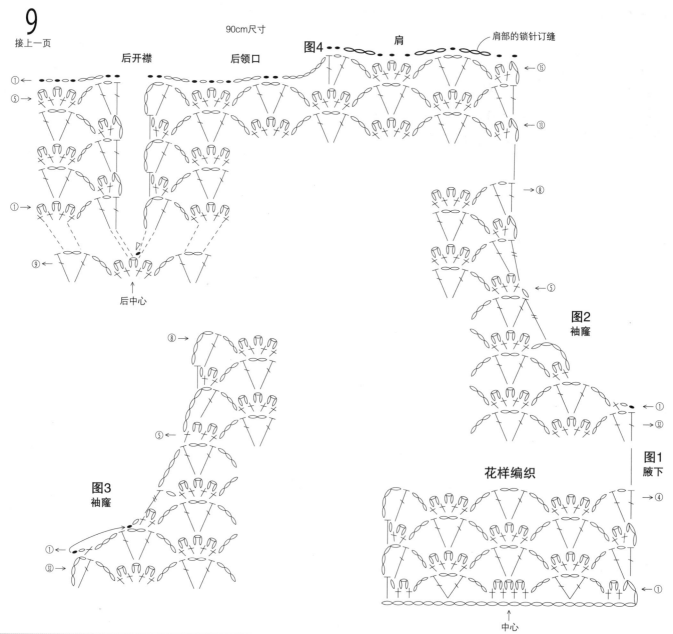

90cm尺寸

后开襟　　后领口　　图4 肩　　肩部的锁针订缝

后中心

图2 袖窿

图3 袖窿

图1 腋下

花样编织

中心

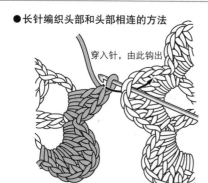

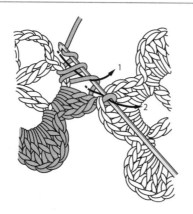

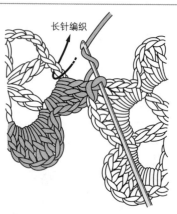

● 长针编织头部和头部相连的方法

穿入针，由此钩出

长针编织

①将长针编织的头部相连。在长针编织前，先将针从对面的针孔插入，然后将要编织的那一针由对面的针孔挑出。

②续线，进行长针编织。

③最后，使用原先的编织方法继续编织。

11
11页

需要准备的物品：
手工编织毛线：ECO KIDS（中细线）
浅棕色（3）30g/2团、本白色（2）25g/1团
钩针：4/0号

成品尺寸： 头围47cm、深16cm

针数： 每10平方厘米中花样编织24针×16行

编织秘诀：
从帽口处起针，在针的里山处挑针进行花样编织，转圈编织。换色时请勿切断毛线，在织片的内侧渡线进行编织。在距帽顶最后一行的前半针处用线将帽子边缘穿起，在帽子内侧系好线。在帽口处用短针编织法编织帽边。

花样编织

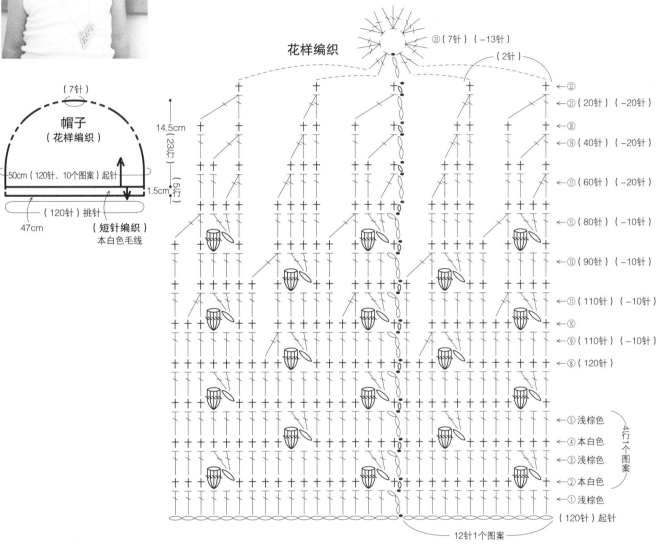

帽子
（花样编织）

50cm（120针、10个图案）起针

14.5cm（23行）

1.5cm（5行）

47cm

（7针）挑针

（120针）挑针

（短针编织）
本白色毛线

（7针）

㉒（7针）（−13针）

（2针）

←㉒
←㉑（20针）（−20针）
←⑳
←⑲（40针）（−20针）
←⑰（60针）（−20针）
←⑮（80针）（−10针）
←⑬（90针）（−10针）
←⑪（110针）（−10针）
←⑩
←⑨（110针）（−10针）
←⑧（120针）
←⑤浅棕色
←④本白色
←③浅棕色
←②本白色
←①浅棕色

4行1个图案

（120针）起针

12针1个图案

 长针5针的爆米花针

在同一针上用长针编织法织5针，然后将钩针拔出，重新插入针孔。

引拔毛线，进而用锁针编织法将其系紧。

此针收紧

如图所示，再钩织1针锁针，完成长针5针的爆米花针。

立针3针

起针

立针

10
10页

需要准备的物品：
手工编织毛线：ECO KIDS（中细线）
90cm[100cm]：白色（1）120g/5团[130g/6团]
直径1.5cm的纽扣：5枚
钩针：4/0号

成品尺寸：
90cm：胸围65.5cm，身长32.5cm
100cm：胸围68.5cm，身长33.5cm

针数： 每10平方厘米中花样编织A35针×10行
花样编织B26针×18行

编织秘诀：
花样编织A：起针后在锁针的里山处挑针编织，完成前后身片的编织。花样编织B：换新线，左右一起编织。用短针编织法进行缘编织，首先在左身片的最后一行续线，按照左身片、后身片、右身片的顺序织一行，剪断毛线。然后从缘编织的起针处续线，在前襟和下摆处织2行。最后，编织第3行时加上上部，织一圈。编织肩带，在身片的内侧缝合。

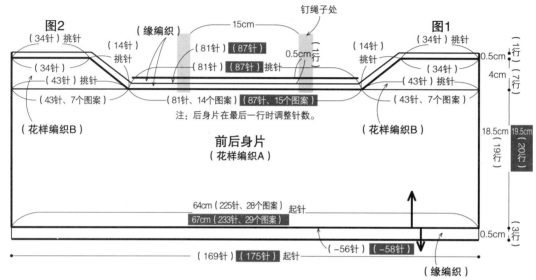

图2　图1

（34针）挑针　（14针）挑针　（缘编织）　钉绳子处　（81针）【87针】　0.5cm 1行　（14针）挑针　（34针）挑针　0.5cm 1行 7行

15cm

（34针）挑针　（81针）【87针】挑针　（34针）挑针　4cm

（43针）挑针　（81针、14个图案）【87针、15个图案】　（43针）挑针　7行

（43针、7个图案）　注：后身片在最后一行时调整针数。　（43针、7个图案）

（花样编织B）　（花样编织B）　18.5cm 19.5cm 19行 20行

前后身片
（花样编织A）

64cm（225针、28个图案）起针　起针
67cm（233针、29个图案）

0.5cm 3行

（169针）【175针】起针　（-56针）【-58针】　（缘编织）

100cm的尺寸
90cm的尺寸
注：没有标明的为两尺寸通用。

肩带 2根

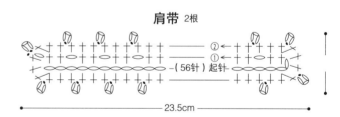

②←
①→
-（56针）起针

23.5cm

图2

⑦←
⑤←
①←　①←
→①
←A最后一行

①②③
缘编织

▷=上线
▶=剪断毛线

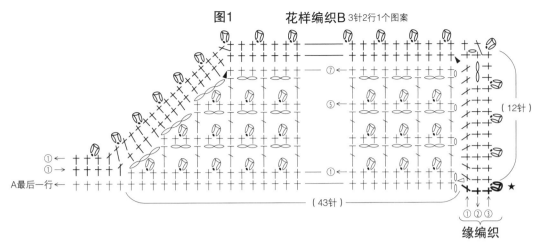

图1　花样编织B 3针2行1个图案

（12针）

①←
①→

A最后一行←

（43针）

①②③

缘编织

花样编织A

←最后一行

注：基本上是每个图案
挑6针，后身片是从2处
挑5针，调整针数。

2行1个图案
→④
→③
→②
→①

缘编织的挑针方法←

8针1个图案

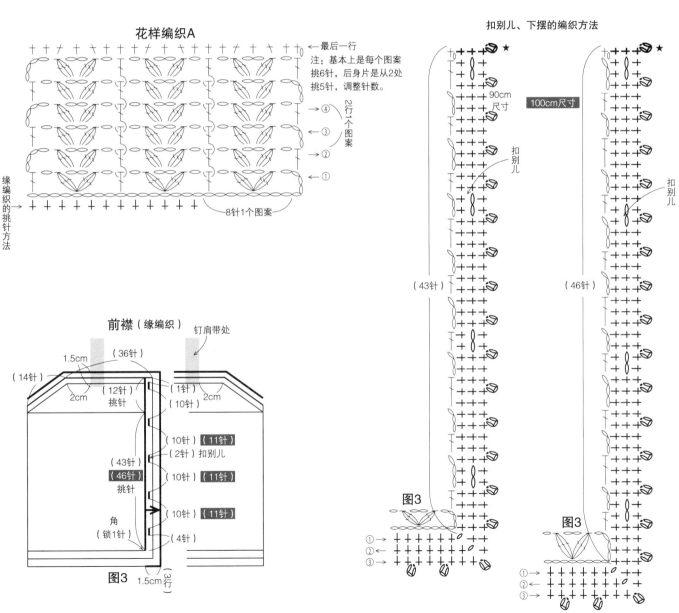

扣别儿、下摆的编织方法

90cm尺寸

100cm尺寸

扣别儿

扣别儿

（43针）

（46针）

图3

①←
②←
③←

图3

图3

①←
②←
③←

前襟（缘编织）

钉肩带处

（36针）

1.5cm

（14针）

2cm

（12针）
挑针

（1针）
2cm

（10针）

（10针）　（11针）

（43针）

（2针）扣别儿

（46针）
挑针

（10针）　（11针）

角
（锁1针）

（10针）　（11针）

（4针）

图3

1.5cm（3行）

需要准备的物品：
手工编织毛线：ECO KIDS（中细线）
淡蓝色（6）、粉色（7）、红色（9）各20g/各1
团、黄绿色（5）15g/1团
直径8mm的木质串珠：7个
钩针：4/0号
成品尺寸：头围52cm、深15.5cm
针数：每10平方厘米中双钩针编织法22针×10行
编织秘诀：
从帽子的顶部起圆形针，转圈进行花样编织，

依次织出帽子主体和帽檐。换色时接入新线，
在行的末尾剪断原来的毛线，线头藏在同色的
织片内侧。装饰花需编织4片花朵图案的织片，
在最大的一片上均匀地放置剩下的3小片，缝
合。3片小花朵的中心处各缝制一颗珠子。编织
装饰绳，两头穿上珠子，系好，线头掩藏在珠
子里。将装饰绳缝制在大花朵的背面。编织绳
子，穿在帽子主体第16行的内侧，根据头部的
大小决定绳子的长短，缝合好绳子的接口。将
装饰花缝制在帽子上。

12
11页

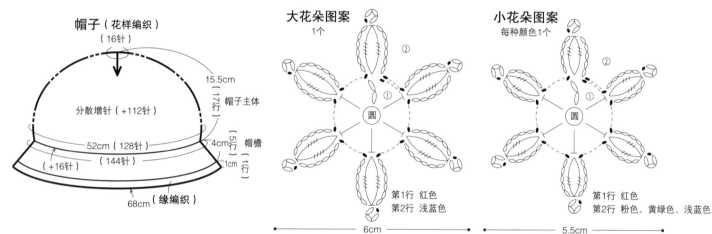

装饰花的组合方法

在小花朵的中间缝上珠子，并将小
花朵缝制在大花朵上

在大花朵的背面缝制上装饰用绳子

绳子（双重锁针编织）浅蓝色

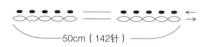

装饰用绳子 2根、红色

17cm（锁针45针）
注：两端系上珠子。

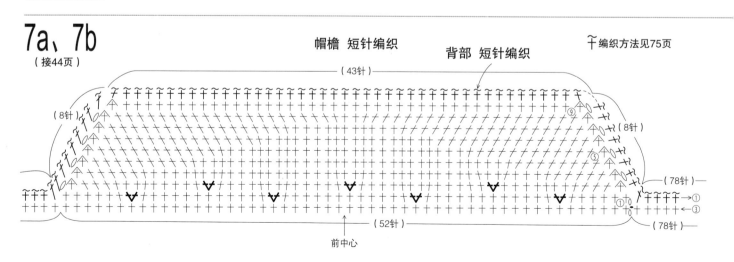

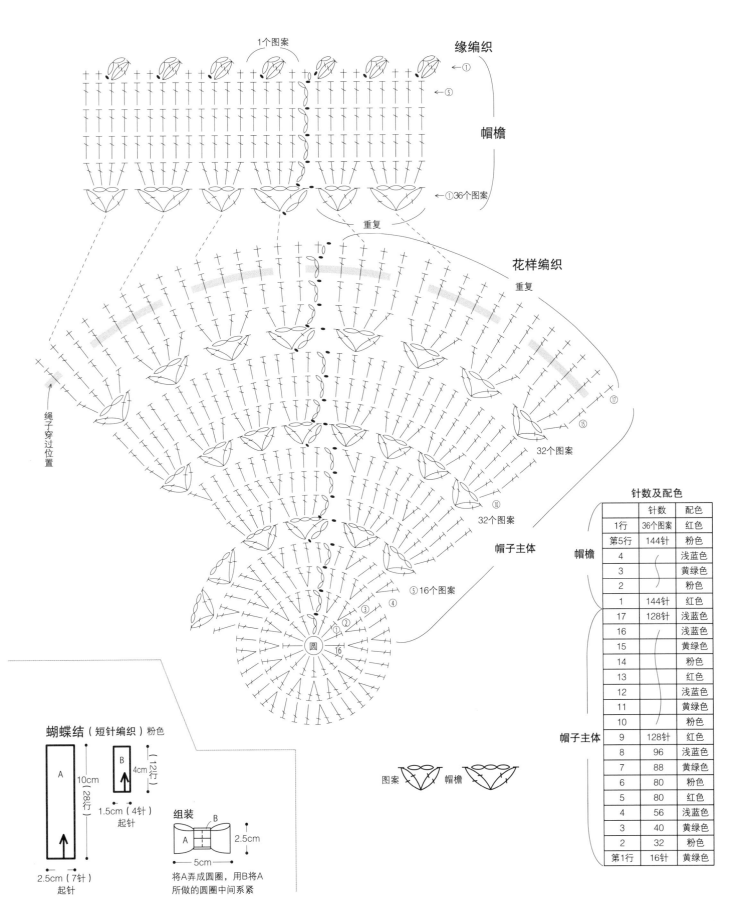

缘编织

1个图案

帽檐

①36个图案

重复

花样编织

重复

帽子主体

绳子穿过位置

32个图案

32个图案

16个图案

蝴蝶结（短针编织）粉色

A
10cm（28行）
2.5cm（7针）
起针

B
4cm（12行）
1.5cm（4针）
起针

组装

B
A
2.5cm
5cm
将A弄成圆圈，用B将A
所做的圆圈中间系紧

图案 帽檐

针数及配色			
		针数	配色
帽檐	1行	36个图案	红色
	第5行	144针	粉色
	4		浅蓝色
	3		黄绿色
	2		粉色
	1	144针	红色
帽子主体	17	128针	浅蓝色
	16		浅蓝色
	15		黄绿色
	14		粉色
	13		红色
	12		浅蓝色
	11		黄绿色
	10		粉色
	9	128针	红色
	8	96	浅蓝色
	7	88	黄绿色
	6	80	粉色
	5	80	红色
	4	56	浅蓝色
	3	40	黄绿色
	2	32	粉色
	第1行	16针	黄绿色

需要准备的物品：
手工编织毛线：ECO KIDS（中细线）
浅棕色（3）240g/10团、白色（1）15g/1团
钩针：4/0号
成品尺寸：胸围84cm，身长56.5cm。
针数：花样编织A1：8针（3cm）×6行（4.5cm）
花样编织B1：最大（7cm）×8行（7cm）

编织秘诀：
在下摆处起针，使用花样编织A编织，编织的过程中不断均匀地减针，详见图示。侧面用引拔的方法锁针（1针引拔针对应2针锁针），将前后身缝合在一起。下摆用花样编织B转圈编织。身片的上部进行缘编织。编织肩带，在身片的内侧缝合。

13
12页

图案
注：除指定外一律使用本白色毛线编织。

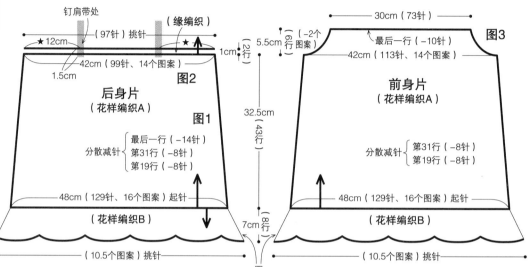

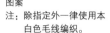

肩带 2根
（锁针70针）作
29.5cm
前
后
第1行 本白色
第2行 白色

缘编织
▷ =白色
► =本白色

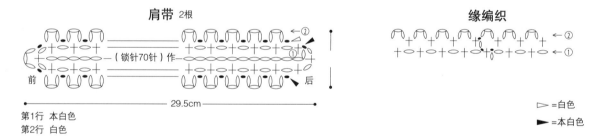

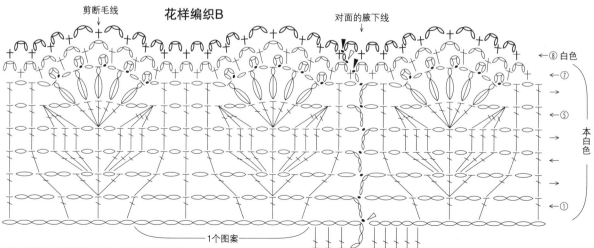

花样编织B
剪断毛线
对面的腋下线
①②③④⑤⑥⑦⑧
白色
本白色
1个图案
注：编织1个图案要挑12针，但有4处是挑13针。

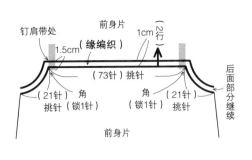

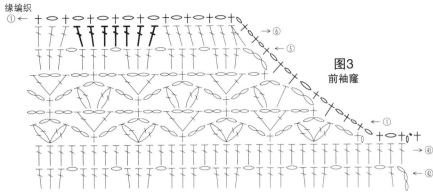

图3
前袖隆

图2 后身片最后一行

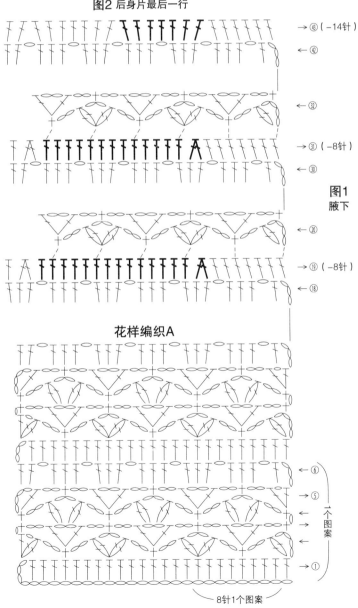

图1
腋下

花样编织A

8针1个图案

一个图案

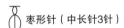
枣形针（中长针3针）

①给钩针续线，1针织入3针中长针。
②续线，将6根毛线一起用引拔针挑出。

③续线，将剩余的毛线用引拔针挑出。
④将头部系紧，完成。

14
13页

需要准备的物品:
手工编织毛线: ECO KIDS（中细线）
90cm[100cm]: 浅棕色（3）110g/5团[130g/6团]、白色（1）5g/1团[5g/1团]
钩针: 4/0号

成品尺寸:
90cm: 胸围54cm，身长41.5cm
100cm: 胸围60cm，身长46cm
针数: 花样编织A1: 8针（3cm）×6行（4.5cm）
花样编织B1: 14针（5.5cm）×8行（7cm）

编织秘诀:
在下摆处起针，使用花样编织A编织，编织的过程中不断均匀地减针，一直编织到胸部下方，详见图示。接下来使用花样编织B进行编织，前后身片的编织相同。侧面用引拔的方法锁针（1针引拔针对应2针锁针），将前后身缝合在一起。下摆及身片上部进行缘编织，转圈编织，注意配色。编织肩带，在身片的内侧缝合。

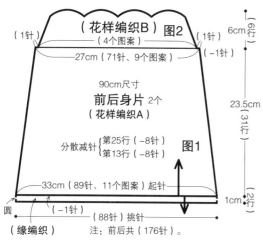

注: 除指定外一律使用浅棕色毛线编织。

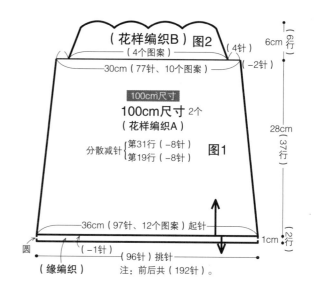

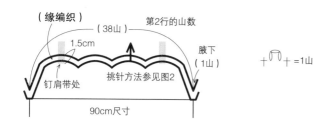

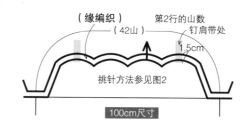

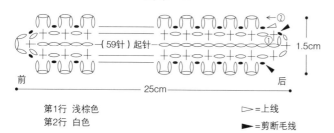

肩带 2根

第1行 浅棕色
第2行 白色

▷=上线
►=剪断毛线

100cm的尺寸
90cm的尺寸
注: 没有标明的为两尺寸通用。

注: 花样编织A参见55页。

注：100cm尺寸的图1、2见下页。

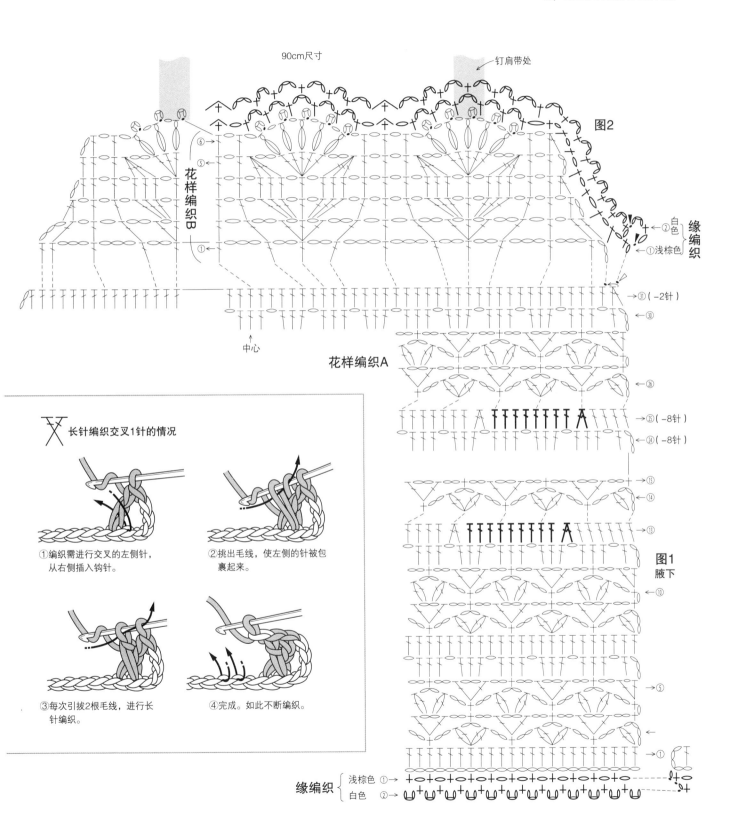

90cm尺寸

钉肩带处

图2

花样编织B

⑥
⑤
①

中心

花样编织A

{白色 ②
{浅棕色 ①
缘编织

㉛（-2针）
←㉚

←㉖

→㉕（-8针）
←㉔（-8针）

←⑮
←⑭

←⑬

图1
腋下

←⑩

→⑤
←

→①

长针编织交叉1针的情况

①编织需进行交叉的左侧针，
从右侧插入钩针。

②挑出毛线，使左侧的针被包
裹起来。

③每次引拔2根毛线，进行长
针编织。

④完成。如此不断编织。

缘编织 { 浅棕色 ①→
        { 白色 ②→

57

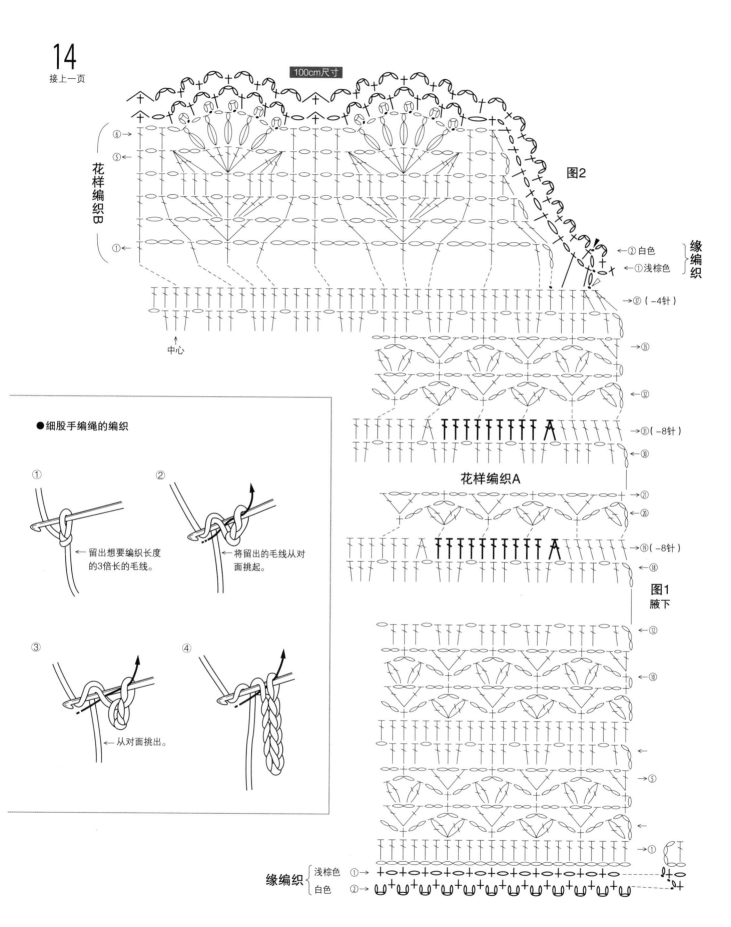

100cm尺寸

图2

⑥
⑤
④
③
②
①

花样编织B

中心

缘编织
←②白色
←①浅棕色

→③7（-4针）
→③5
←③2
→③1（-8针）
③0

花样编织A

→②1
②0
→①9（-8针）
←①8

图1
腋下

→①2
←①0

←
→⑤
←
→①

●细股手编绳的编织

①
←留出想要编织长度
的3倍长的毛线。

②
←将留出的毛线从对
面挑起。

③
←从对面挑出。

④

缘编织
浅棕色 ①→
白色 ②→

需要准备的物品：
手工编织毛线：ECO KIDS（中细线）
A色5g[黄色（4）、黄绿色（5）、橙色
（8）]、本白色（2）3g/各1团
钩针：3/0号

26
28页

成品尺寸： 直径11cm
编织秘诀：
用线头起圆形针，锁1针变立针，编入8针短针
使圆形固定，然后开始编织，注意配色。线头
藏在同色织片的内侧。

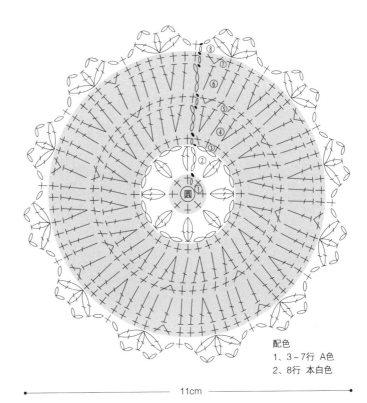

配色
1、3～7行 A色
2、8行 本白色

←——————— 11cm ———————→

● 横向渡线的编织方法

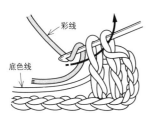
彩线
底色线

①换线前的最后一针引拔针使用所
　需换的毛线进行编织。

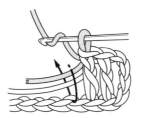

②编织的过程中，将原线和换色后
　的毛线线头混合在一起，隐藏在
　织片内。

对面

③再次进行换线，如上，最后一针引拔针
　使用原线编织，原线从换色后的毛线的
　对面挑出。

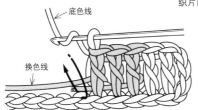
底色线
换色线

④编织过程中将换色毛线混在其间，隐藏在
　织片内。

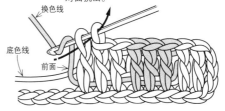
换色线
底色线
前面

⑤再次换线，编织方法如上。

15
14页

需要准备的物品：
手工编织毛线：ECO KIDS（中细线）
茶色（11）230g/10团
钩针：4/0号
成品尺寸：身长43cm、袖长52cm
针数：每10平方厘米中花样编织27.5针×11行

编织秘诀：
起针，从锁针的里山处挑针进行花样编织，编织指定的行数。需要锁针处最好用线头标出。袖下使用引拔的方法锁针，袖口和开口处转圈进行缘编织。缘编织使用枣形针，将短针编织的足部分割成几份，挑针进行编织。

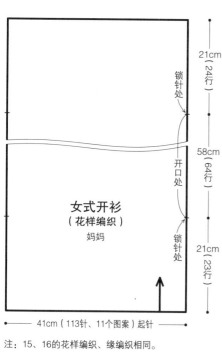

21cm（24行）
锁针处

开口处
58cm（64行）

女式开衫
（花样编织）
妈妈

锁针处
21cm（23行）

← 41cm（113针、11个图案）起针 →

注：15、16的花样编织、缘编织相同。

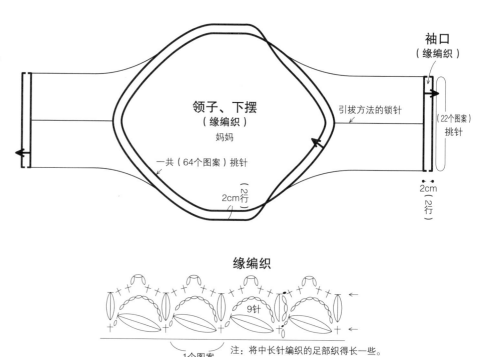

袖口
（缘编织）

领子、下摆
（缘编织）
妈妈

引拔方法的锁针

一共（64个图案）挑针

（22个图案）挑针

2cm（2行）

2cm（2行）

缘编织

9针

1个图案

注：将中长针编织的足部织得长一些。

缝合方法

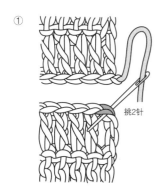

① 挑2针

将两织片正面朝上对齐，用针穿过其长针编织头部的锁针。

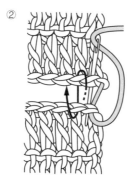

② 针每次由对面穿到眼前的一侧，每次缝1针。

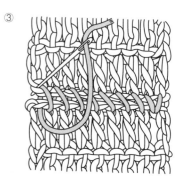

③ 最后，将针插入同一个针孔，即可。

16
15页

需要准备的物品:
手工编织毛线:ECO KIDS(中细线)
90cm[100cm]:橙色(8)70g/3团[80g/4团]
钩针:4/0号
成品尺寸:
90cm:身长25cm、袖长26.5cm
100cm:身长29cm、袖长28.5cm
针数:每10平方厘米中花样编织27.5针×11行

编织秘诀:
起针,从锁针的里山处挑针进行花样编织,编织指定的行数。需要锁针处最好用线头标出。袖下使用引拔的方法锁针,袖口和开口处转圈进行缘编织。缘编织使用枣形针,将短针编织的足部分割成几份,挑针编织。

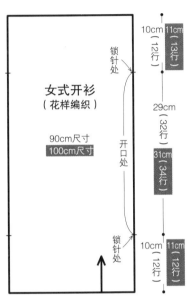

女式开衫
(花样编织)

90cm尺寸
100cm尺寸

锁针处

开口处

锁针处

10cm 11cm
(12行) (13行)

29cm
(32行)

31cm
(34行)

10cm 11cm
(12行) (12行)

起针

23cm(63针、6个图案)
27cm(73针、7个图案)
图案

100cm的尺寸
90cm的尺寸
注:没有标明的为两尺寸通用。

注:15、16的花样编织、缘编织相同。

十=加粗的短针编织在前一行的两针中间挑针编织

注:将中长针编织的足部织得长一些。

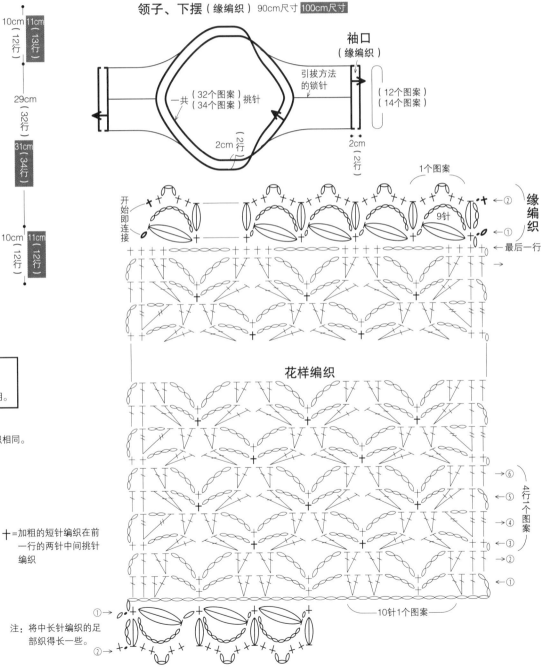

领子、下摆(缘编织) 90cm尺寸 100cm尺寸

袖口
(缘编织)

一共 (32个图案)(34个图案)挑针

引拔方法的锁针

2cm (2行)

2cm (2行)

(12个图案)(14个图案)

缘编织

开始即连接

1个图案

9针

②
①
最后一行

花样编织

⑥
⑤
④ 4行一个图案
③
②
①

10针1个图案

61

17
16页

需要准备的物品：
手工编织毛线：ECO KIDS（中细线）
90cm[100cm]：粉色（7）90g/4团[100g/4团]、
本白色（2）20g/1团[25g/1团]
钩针：4/0号[5/0号]
成品尺寸：
90cm：胸围62cm，肩宽24cm，身长27cm、袖
长8cm
100cm：胸围65cm，肩宽25cm，身长29cm、袖
长9cm
针数：每10平方厘米中花样编织27针×15行

[25.6针×14行]
编织秘诀：
后身片、左右身片的编织均从肩部起针，到袖窿
处的18行请分别参见图片进行编织。从第19行开
始，前后身片可连在一起编织，一直织到下摆
处。袖子的编织从袖山处起针，使用花样编织
一直织到袖口处。肩部使用引拔的方法锁针订
缝。袖子下方仅有一行，不锁针，直接在袖口处
转圈编织缘。为下摆、扣边、领口编织缘。袖子
使用引拔的方法锁针，与片缝合在一起。这
时，袖子上下部便自然地成为圆形。

100cm的尺寸
90cm的尺寸
注：没有标明的为两尺寸通用。

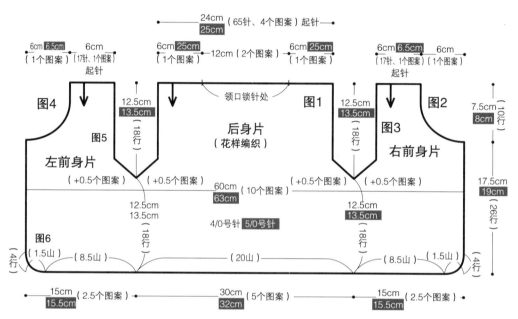

1个图案=4山

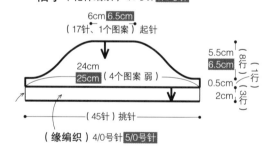

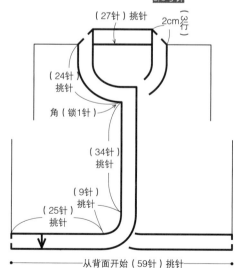

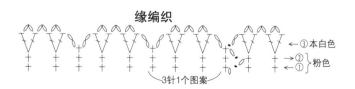

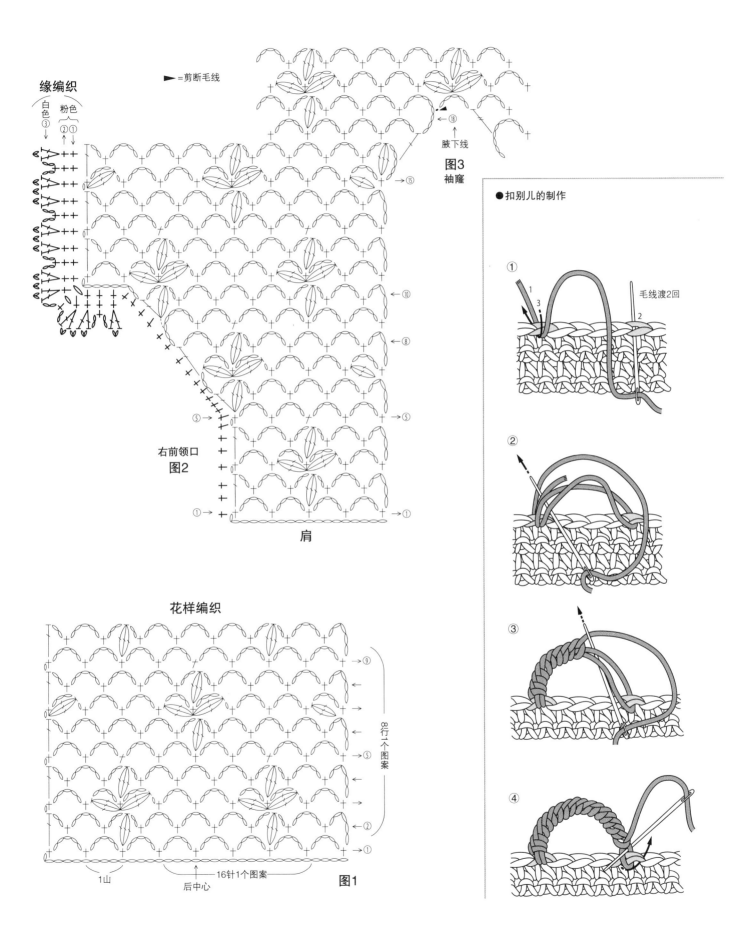

缘编织

白色③ 粉色
②①

►=剪断毛线

图3
袖隆

腋下线

→⑮

右前领口
图2

→⑩

→⑧

→⑤   ⑤→

①→   ①→

肩

花样编织

→⑨

→⑤

8行1个图案

→②

→①

1山

16针1个图案

后中心

图1

●扣别儿的制作

① 毛线渡2回

②

③

④

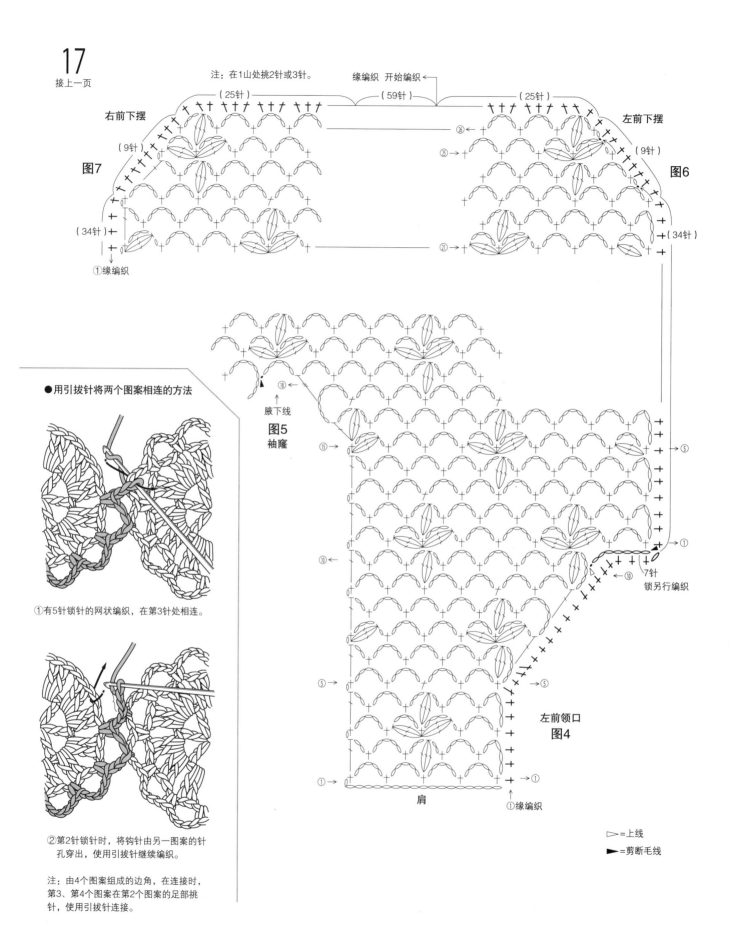

注：在1山处挑2针或3针。

缘编织 开始编织

（25针）

（59针）

（25针）

右前下摆

左前下摆

图7

（9针）

（9针）

图6

（34针）

（34针）

①缘编织

●用引拔针将两个图案相连的方法

图5
袖隆

腋下线

左前领口
图4

7针
锁另行编织

①有5针锁针的网状编织，在第3针处相连。

②第2针锁针时，将钩针由另一图案的针孔穿出，使用引拔针继续编织。

注：由4个图案组成的边角，在连接时，第3、第4个图案在第2个图案的足部挑针，使用引拔针连接。

肩

①缘编织

▷ =上线
► =剪断毛线

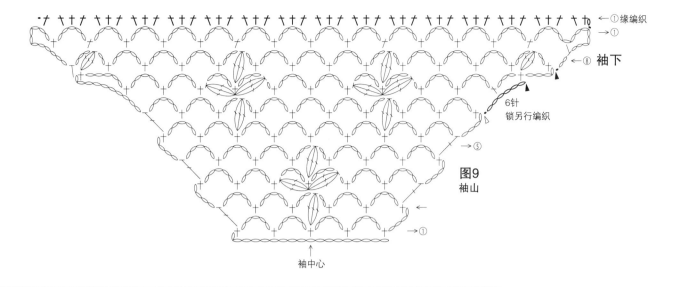

←①缘编织

→①

←⑧ 袖下

6针
锁另行编织

→⑤

图9
袖山

←

→①

袖中心

●标记图的看法

所有标记图均显示的是织片的正面。每行不断调换织片方向来回编织的时候，右侧立针的锁针编织表示的是正面的情况，左侧立针的锁针编织表示的是背面的情况。

●立针及每一针的高度

立针是指每行编织开始时决定每一针高度的锁针编织。在进行左右对称的袖隆、领口编织时，事先知道会十分便利。

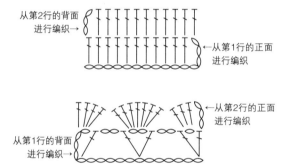

从第2行的背面
进行编织→

←从第1行的正面
进行编织

←从第2行的正面
进行编织

从第1行的背面
进行编织→

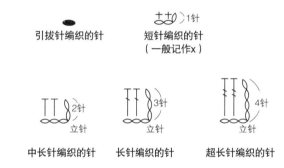

引拔针编织的针

1针
短针编织的针
（一般记作x）

2针
立针
中长针编织的针

3针
立针
长针编织的针

4针
立针
超长针编织的针

●标记的不同及挑针方法

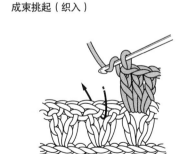

成束挑起（织入）

如箭头所示，将前一行完全挑起。

在前一行的1针处织入

挑起前一行的一针。

用毛线起圆形针

① 在食指上缠上两圈毛线。

② 将食指从线圈中抽出，让毛线挂在食指上。钩针由线圈插入，将毛线钩住后从线圈里挑出来。

③ 再次钩住毛线、挑出，将这一针系紧。

④ 最初的一针便编织完成。本针不能算作第一针。

18
18页

需要准备的物品:
手工编织毛线:ECO KIDS(中细线)
100cm[90cm]:藏蓝色(10)125g/5团[120g/5团]、本白色(2)50g/2团[50g/2团]、茶色(11)5g/1团[5g/1团]
直径1.3cm的纽扣:5枚
钩针:4/0号、3/0号

成品尺寸:
100cm:胸围71.5cm,肩宽26cm,身长37.5cm
90cm:胸围68cm,肩宽25cm,身长35.5cm
针数:每10平方厘米中花样编织24.5针×13.5

行、锁边(4/0号钩针)29针×28行

编织秘诀:
起针,从锁针的里山处挑针,使用长针编织法编织。第4行的花样编织为长针编织,要将第2、第3行的锁针全部挑起后进行编织。袖窿、领口的编织详见图示,不断减针、一直织到肩部。将前后身片的肩部、侧面缝合,侧面使用引拔的方法锁针缝合。领口及袖窿的缘编织要根据针的粗细调整针数。下摆和领子织好后编织扣边。袖窿的缘编织要转圈编织。

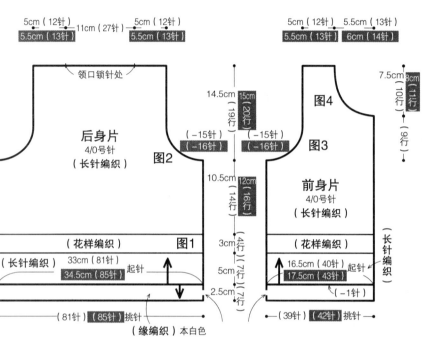

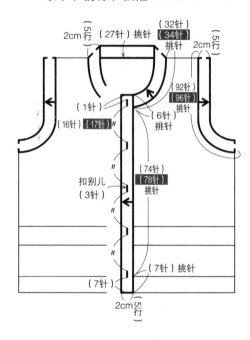

注:除指定外一律使用深蓝色毛线进行编织。

●用引拔的方法锁针

2针 与织片相对应的调整针数

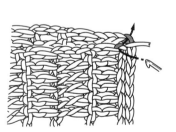

①在箭头所示位置插入钩针,将毛线挑出。

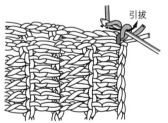

②用钩针钩住毛线,将其抽出,织2针锁针。

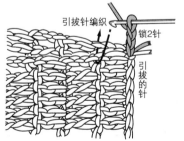

③在第2针锁针的头部插入钩针,进行引拔针编织。

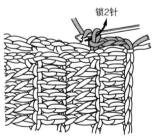

③中间织2针锁针。

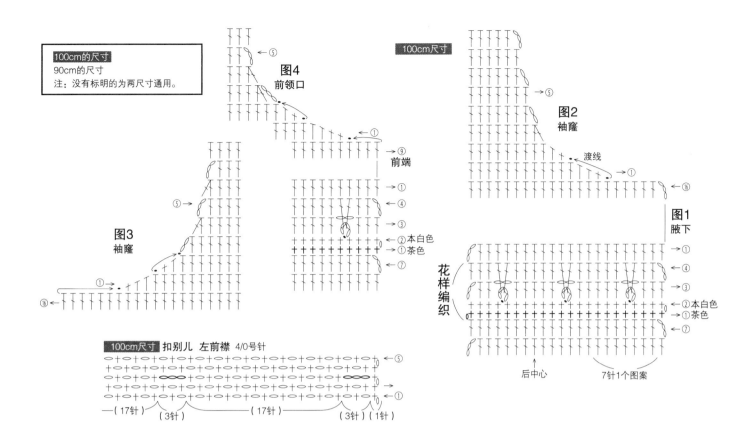

图4
前领口

图3
袖窿

图2
袖窿

图1
腋下

花样编织

本白色
茶色

后中心

7针1个图案

100cm尺寸 扣别儿 左前襟 4/0号针

—（17针）（3针）（17针）（3针）（1针）

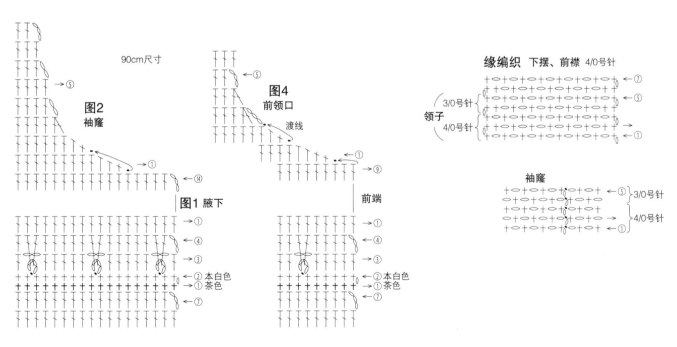

90cm尺寸

图2
袖窿

图4
前领口

渡线

图1 腋下

前端

本白色
茶色

本白色
茶色

缘编织 下摆、前襟 4/0号针

3/0号针
领子
4/0号针

袖窿

3/0号针
4/0号针

90cm尺寸 扣别儿 左前襟 4/0号针

—（16针）（3针）（16针）（3针）（1针）

67

19
20页

需要准备的物品：
手工编织毛线：ECO KIDS（中细线）
浅棕色（3）80g/4团，茶色（11）10g/1团
长2cm的别针：1个
钩针：4/0号
成品尺寸：头围54cm、深21cm
针数：每10平方厘米中花样编织26针×13行
编织秘诀：
在帽子主体与帽口的接口处起针，转圈进行花样编织。编织的过程中请根据图示不断增

针、减针，一直织到帽子顶部。将顶部剩余10针的头部用毛线穿起、系紧。帽口用短针编织法织5行，然后开始编织帽檐。接着，为帽口及帽檐织边。装饰花的编织：起4针锁针形成圆形，然后开始编织；第3行短针编织的背面拉针编织要在第1行短针编织的足部挑针进行编织；编织底座，将底座缝制在主体的背面。在底座上别上别针，使装饰花能够固定在帽子上。

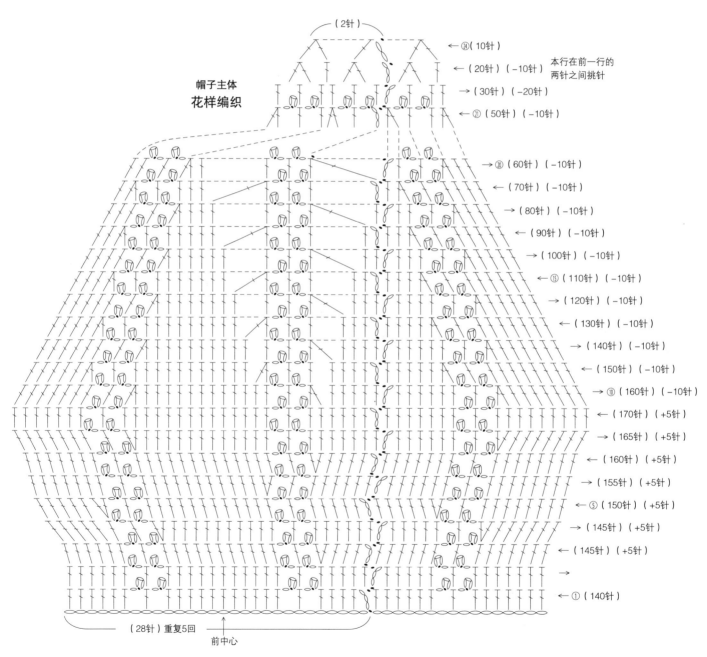

帽子主体
花样编织

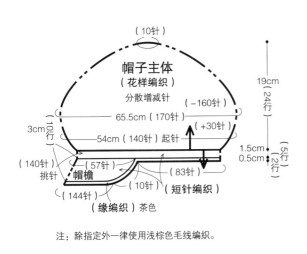

（10针）

帽子主体
（花样编织）
分散增减针

19cm
（24行）

65.5cm（170针）　（−160针）

3cm
（10行）

54cm（140针）起针　（+30针）

（140针）
挑针

帽檐

（57针）

（83针）

1.5cm
（5行）
0.5cm
（2行）

（10针）（短针编织）

（144针）

（缘编织）茶色

注：除指定外一律使用浅棕色毛线编织。

装饰花的组装

（背面）　（背面）　别上别针

将底座最后一行的半针缝制在
主体超长针编织的足部

装饰花主体

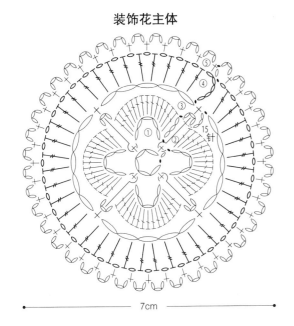

15针

7cm

注：第4行使用浅棕色毛线，其余使用茶色毛线编织。

底座　浅棕色

圆　16

3cm

编织方法

第3行短针编织的背面拉针编织
需将第2行倒置在正面，在第1
行短针编织的足部挑针

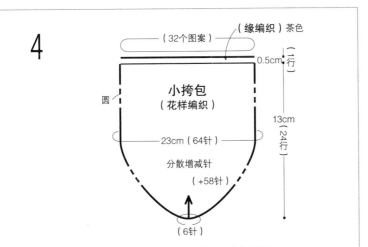

4

（32个图案）　（缘编织）茶色

0.5cm
（1行）

圆

小挎包
（花样编织）

13cm
（24行）

23cm（64针）

分散增减针

（+58针）

（6针）

注：除指定外一律使用黄色毛线进行编织。

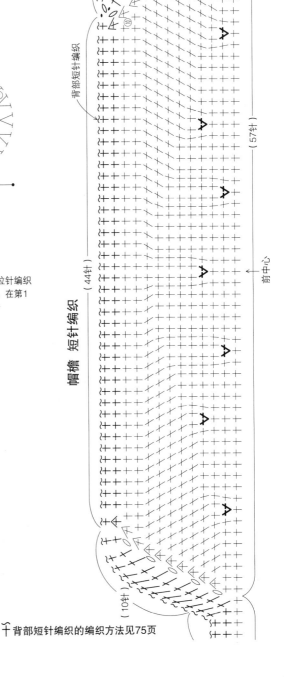

缘编织 茶色

短针编织

（83针）

（83针）

背部短针编织

（10行）

（57针）

帽檐 短针编织

（44针）

前中心

（10行）

ᛏ背部短针编织的编织方法见75页

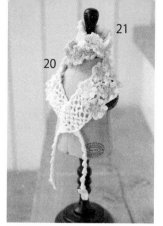

20、21
23页

需要准备的物品：

手工编织毛线：ECO KIDS（中细线）
发带[2个头绳] 白色（1）13g[5g]、黄色（4）、
浅蓝色（6）各4g[各4g]、橙色（8）4g[3g]、黄
绿色（5）3g[3g]各1团
头绳（1个）：圆形橡皮筋20cm
钩针：4/0号

成品尺寸： 发带：宽6cm、长60cm
头绳：参见图片
针数： 发带：主题图案A直径4cm

编织秘诀：

发带的编织：图案A，用毛线起圆形针，使用
指定颜色的毛线编织第1行，第2行全部用白色
的毛线编织。从第2个图案的编织开始，在编
织的第2行起与旁边的图案相连，然后编织。
所有的图案都连接在一起后，在两侧进行花
样编织和枣形针编织。枣形针编织前先进行图
案B的编织。

头花的编织：起64针锁针形成圆形，用白色毛
线编织1行。在白色的1行上下各织2行，编织时
错开半个图案。穿入圆形橡皮圈。

头花（花样编织）

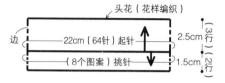

花样编织

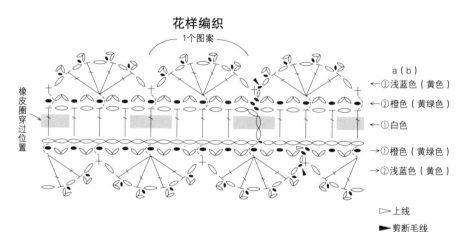

成品大小

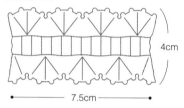

長针编织的背面拉针编织

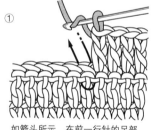
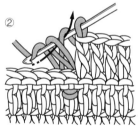
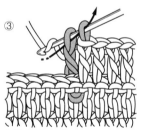
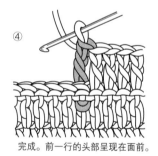

① 如箭头所示，在前一行针的足部处从背面插入钩针。

② 用钩针钩住毛线长长地挑起，仅将2根毛线抽出。

③ 如箭头所示，将剩下的2根毛线抽出，使用长针编织。

④ 完成。前一行的头部呈现在面前。

長针编织的正面拉针编织

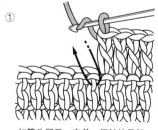
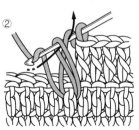
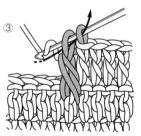
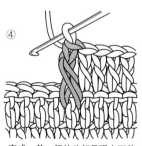

① 如箭头所示，在前一行针的足部处从正面插入钩针。

② 用钩针钩住毛线长长地挑起，仅将2根毛线抽出。

③ 如箭头所示，将剩下的2根毛线抽出，使用长针编织。

④ 完成。前一行的头部呈现在面前。

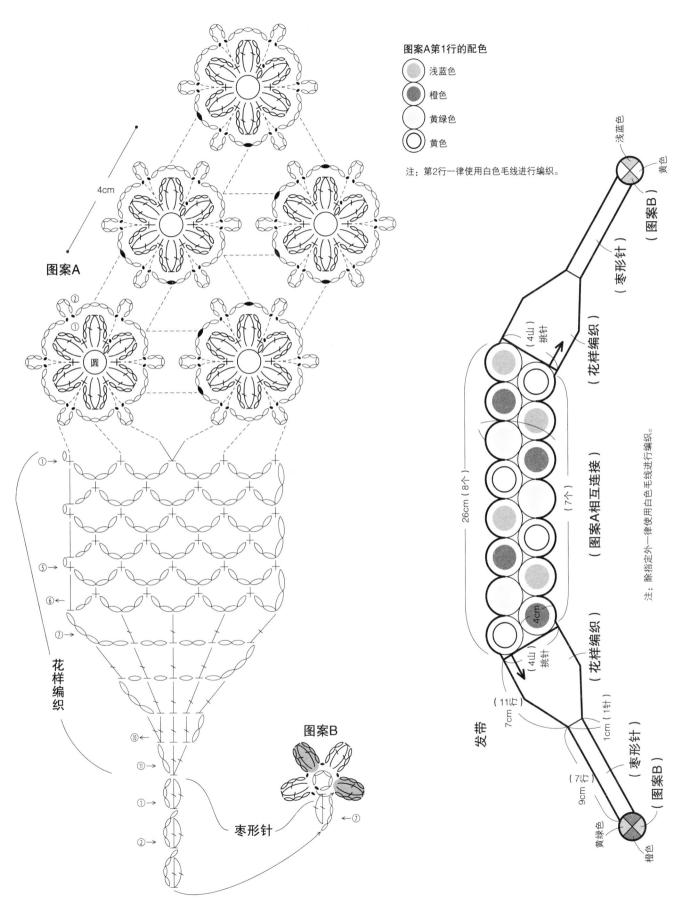

图案A第1行的配色

浅蓝色
橙色
黄绿色
黄色

注：第2行一律使用白色毛线进行编织。

图案A

4cm

圆

花样编织编织

图案B

枣形针

枣形针

浅蓝色
黄色
（枣形针）
（图案B）

（花样编织）

（4山）
挑针

26cm（8个）

（7个）

（图案A相互连接）

4cm

（4山）
挑针

（花样编织）

（11行）

7cm

1cm（1针）

（枣形针）

（图案B）

9cm

（7行）

黄绿色
橙色

发带

注：除指定外一律使用白色毛线进行编织。

22　23

22、23
24页

需要准备的物品：
手工编织毛线：ECO KIDS（中细线）
羊：本白色（2）70g/3团、茶色（11）4g/1团
云：浅蓝色（6）70g/3团、浅棕色（3）2g/1团
棉花：40g（1个）
钩针：3/0号
成品尺寸： 参见图片
针数： 每10平方厘米中双钩针编织法25针×12.5行
编织秘诀：
起针，主体的第1行从锁针的里山处挑针编织。另外一半挑起剩下的2根毛线。到第9行为止均

编织成椭圆形。再编织一个同样的织片。将两织片重叠，使其正面朝外。凸出的部分两片重合、挑针编织；其他部位两片分别挑针转圈编织。仅留下第7个凸起的部分作为填充棉花的入口，其余凸出部位全部缝合。棉花填充满后将入口处缝合。
羊：编织羊腿，放入棉花，然后对折，将其缝制在主体指定的位置。编织耳朵和眼睛，然后缝制在主体上。
云：用锁针编织做出眼睛，参见图片确定眼睛的位置，然后缝制在主体上。

主体（长针编织）
2个

共（154针）
（23针）　（23针）
（1针）
*a　*g
7.5c行6
（21针）　（21针）
15cm
9c（23针）
起针
*b　*e
（20针）　（20针）
*c　*d
（19针）
23.5cm

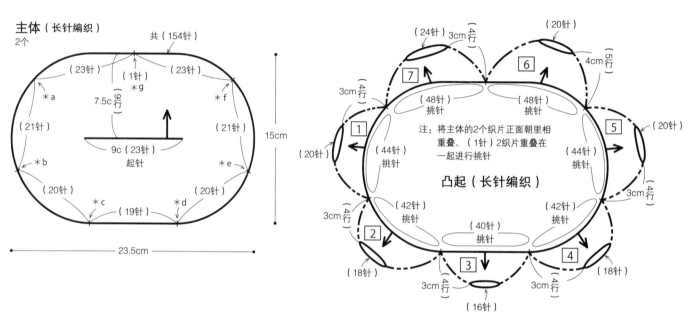

凸起（长针编织）

（24针）3cm行　（20针）
4cm（5行）
7　6
3cm行
（48针）挑针　（48针）挑针
1　5
（20针）　（44针）挑针　注：将主体的2个织片正面朝里相　（44针）挑针　（20针）
重叠、（1针）2织片重叠在
一起进行挑针　3cm4行
（42针）挑针　（42针）挑针
3cm行
2　（40针）挑针　4
3cm4行　3cm4行
（18针）　3　（18针）
（16针）

注：编织完成后的线头各留20cm，用留出的线头将口缝合。

耳朵 1个 茶色
2.5cm（3行）
③（10针）
②（10针）
①
10

脚 4个 茶色
2.5cm（3行）
③（8针）
②（10针）
①
10

注：编织完成后的线头留30cm，用留出的线头将其缝制在主体上。

云的脸
浅棕色
4cm（10针）
4.5cm（12针）

羊的眼睛 茶色
3cm（8针）

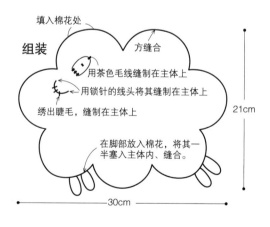

组装
填入棉花处
方缝合
用茶色毛线缝制在主体上
用锁针的线头将其缝制在主体上
绣出睫毛，缝制在主体上
21cm
在脚部放入棉花，将其一半塞入主体内、缝合
30cm

注：云的脸与羊眼睛的缝制方法一样。

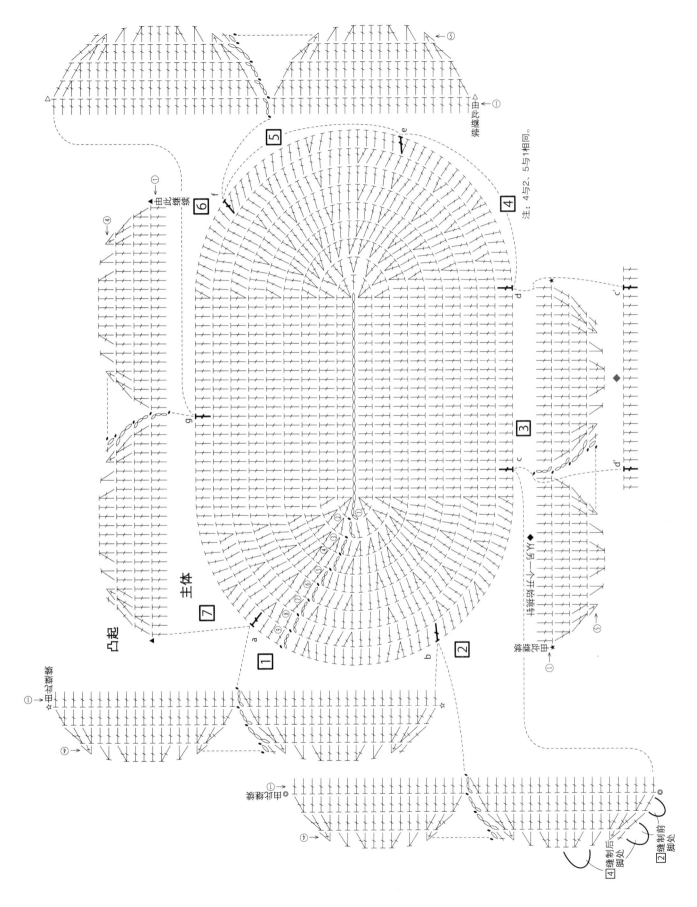

注：4与2、5与1相同。

主体

凸起

73

需要准备的物品：
手工编织毛线：ECO KIDS（中细线）
浅棕色（3）170g/7团、本白色（2）165g/7团、
黄色（4）、浅蓝色（6）各8g/各1团
钩针：3/0号
成品尺寸：
长66.5cm、宽66.5cm
针数： 主题图案A 9.5cm×9.5cm

主题图案B 7cm×5.5cm
编织秘诀：
图案A，用毛线起圆形针，由中心向四周编织。从编织第2个图案开始，在图案的最后一行使其与旁边的图案相连，不断编织。图案B使用浅蓝色和黄色的毛线编织，各织两个，然后用浅棕色的毛线勾勒出脸部。使用图案B编织时，将剩余的线头缝制在毛毯上。

毛毯（图案A相连接）

d 49	48	47	46	45	44	b 43
42	41	40	39	38	37	36
35	34	33	32	31	30	29
28	27	26	25	24	23	本白色 22
21	20	19	18	17	16	浅棕色 15
14	13	12	11	10	9	8 9.5cm A 9.5cm
a 7	6	5	4	3	2	c 1

66.5cm（7个）

66.5cm（7个）

5.5cm
7cm
=图案B的缝制处

图案B
a-d相同

▷=上线
▶=剪断毛线

a 浅蓝色

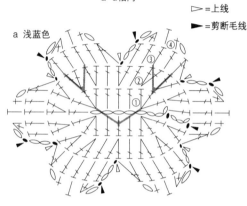

注：每处留40cm的线头，用留出的线头缝制在毛毯上。

b 浅蓝色

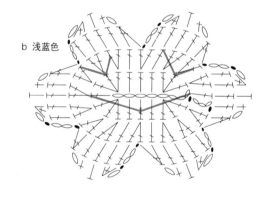

c 黄色

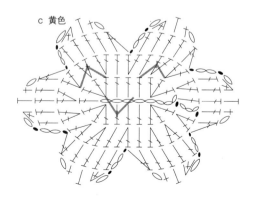

d 黄色

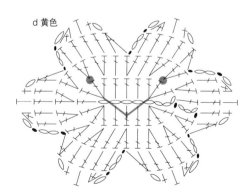

注：针脚一律使用浅棕色毛线。
∨=飞鸟绣
●=法式结粒绣（卷3回）

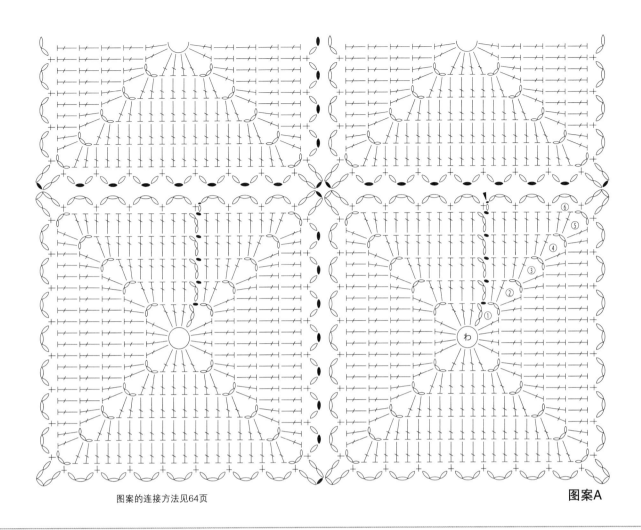

图案的连接方法见64页

图案A

〜
十 背部短针编织

①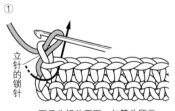

立针的锁针

图示为织片正面。如箭头所示，将钩针插入。

②

如图所示，用钩针从上方钩住毛线，然后将毛线挑出。

③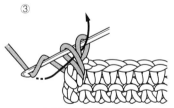

如箭头所示，用钩针钩住毛线，将2根毛线一起抽出。

④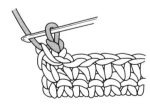

图示正在编织1针背部短针。

⑤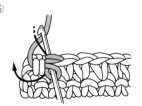

如箭头所示，编织下一针时从右侧针处插入钩针，重复1~3的步骤。

⑥

从左向右进行编织。

a b

25
26页

需要准备的物品：
手工编织毛线：ECO KIDS（中细线）
a[b] 橙色（8）[浅蓝色（6）]100g/4团、红色
（9）、茶色（11）[藏蓝色（10）、茶色（11）]
各12g/各1团、黄色（4）、浅蓝色（6）、藏蓝色
（10）[黄绿色（5）、橙色（8）、红色（9）]各
7g/各1团、本白色（2）[本白色（2）]3g/1团
棉花：40g（1个）
钩针：3/0号
成品尺寸：高36cm
针数：每10平方厘米中双钩针编织法25
针×12.5行

编织秘诀：
从小熊身体的底部起针，在锁针的里山处挑针，
使用短针编织法编织，然后换成长针编织法往返
转圈编织。参见图片，不断进行增减针，一直编
织到颈部。然后编织头部，由头部塞入棉花，将
填充口缝合。耳朵、胳膊、腿的编织注意配色。
分别塞入棉花。将耳朵和腿缝制到主体上时，要
使缝制的接口处呈圆形。胳膊对折，选取6处缝
制在颈部，稍靠下的胳膊内侧选取一处缝制在躯
干上。编织嘴、鼻子和眼睛，制作出脸部。将尾
巴用棉花填满，将尾巴的最后一行用线穿起、系
紧，缝制在身体的后方。

注：除第1行以外均为长针编织。

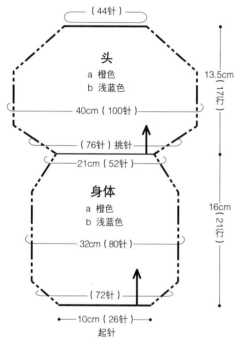
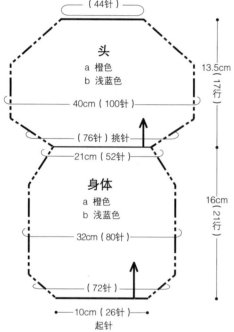

头
a 橙色
b 浅蓝色

（44针）
40cm（100针）
13.5cm（17行）

（76针）挑针
21cm（52针）

身体
a 橙色
b 浅蓝色

32cm（80针）
（72针）
16cm（21行）
10cm（26针）
起针

耳朵 2个

5.5cm（7行）

⑦（28针）
⑥（30针）
③（30针）

12cm

圆

注：编织完成各部分后
各留30cm线头，用
留出的线头将其缝
制在主体上。

配色表

行	a	b
6、7	茶色	茶色
4、5	橙色	浅蓝色
1~3	红色	深蓝色

手 2个

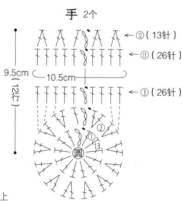

9.5cm（12行）

⑫（13针）
⑪（26针）
③（26针）

10.5cm

圆

脚 2个

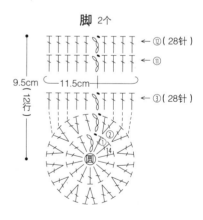

9.5cm（12行）

⑫（28针）
⑪
③（28针）

11.5cm

圆

组装

卷针缝

用锁针编织的线头将其缝制在主体上

绣出睫毛，缝制在主体上

回针

耳朵和脚整理成圆形，手
折叠一半，缝制在主体上

尾巴缝制在主体后部中心
从下数第8行的位置

36cm

配色表

行	a		b	
	手	脚	手	脚
11、12	深蓝色	茶色	红色	茶色
9、10	浅蓝色	黄色	橙色	黄绿色
7、8	红色	橙色	深蓝色	浅蓝色
5、6	橙色	红色	浅蓝色	深蓝色
3、4	黄色	浅蓝色	黄绿色	橙色
1、2	茶色	深蓝色	茶色	红色

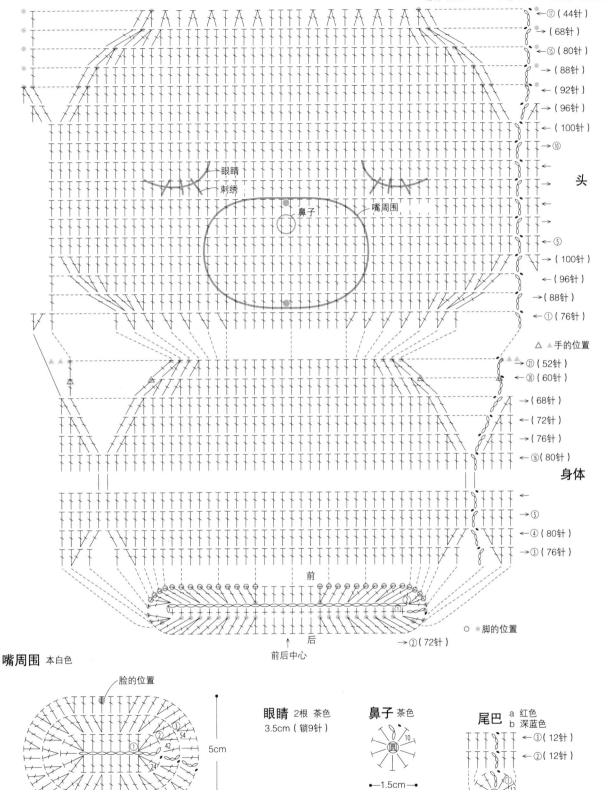

缝制耳朵处   注：留30cm线头，留作头部订缝使用。

←⑰ (44针)
⑯ (68针)
←⑮ (80针)
→ (88针)
← (92针)
→ (96针)
← (100针)
→⑩

头

眼睛
刺绣

鼻子   嘴周围

←⑤
→ (100针)
← (96针)
→ (88针)
←① (76针)

△▲手的位置
▲→㉑ (52针)
←⑳ (60针)
→ (68针)
← (72针)
→ (76针)
←⑯ (80针)

身体

←
→⑤
←④ (80针)
→③ (76针)

前

后

前后中心

○●脚的位置

→② (72针)

嘴周围 本白色

脸的位置

③
54
②
42
①
24

5cm

起针（7针）

7cm

注：编织完成后留出60cm的线头，用留出的线头
　　将其缝制在主体上。

眼睛 2根 茶色
3.5cm（锁9针）

鼻子 茶色

圆 10

←1.5cm→

注：将织片的背面用作正面。

尾巴 a 红色
　　 b 深蓝色

←③ (12针)
←② (12针)
①
圆 12

注：编织完成后留出20cm的线头，用留出的线头将其缝制在主体上。

27

29页

需要准备的物品：
手工编织毛线：ECO KIDS（中细线）
黄色（4）65g/3团、本白色（2）28g/2团、红色
（9）5g、茶色（11）2g/各1团
直径1.3cm的纽扣：2枚
钩针：3/0号
成品尺寸：宽26cm、长38cm
针数：花样编织1：2cm×16行（9.5cm）

编织秘诀：
起针，从锁针里山的半针处挑针，进行花样编
织。换色时不剪断毛线，纵向渡线继续编织。
另一面的第1行从对面短针编织的足部挑针，使
用短针编织的正面拉针编织法编织。周围编织1
行边即可。

配色表

2行	本白色	
2行	黄色	
2行	本白色	重复4回
14行（13行）	黄色↑	

▷=上线
►=剪断毛线
注：纽扣和樱桃钉在扣别儿的对面。

樱桃 2个
果实和叶子的编织方法、组装方法
参见79页篮子的编织方法

（缘编织） 黄色

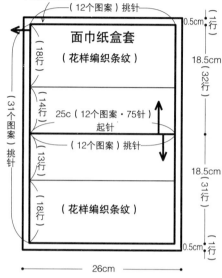

（12个图案）挑针

面巾纸盒套
（花样编织条纹）

0.5cm（1行）

18.5cm（32行）

25c（12个图案·75针）起针

18.5cm（31行）

0.5cm（1行）

26cm

（31个图案）挑针

（18行）

（14行）

（13行）

（18行）

扣别儿
（利用图案的孔隙）

缘编织

1个图案

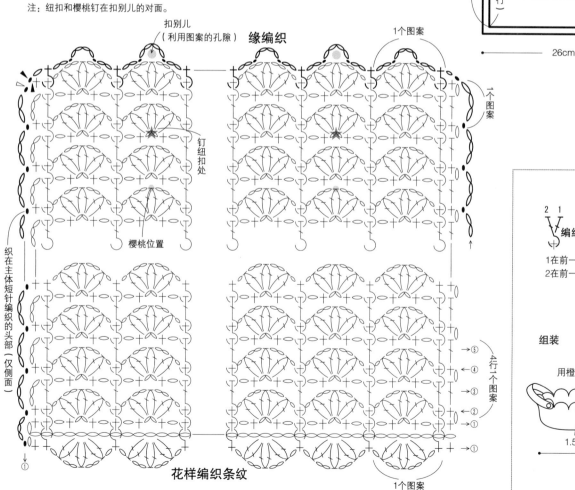

钉纽扣处

樱桃位置

1个图案

织在主体短针编织的头部（仅侧面）

4行1个图案

①②③④⑤

花样编织条纹

1个图案

2 1
V 编织方法

1 在前一行的头部挑针编织
2 在前一行的足部挑针编织

组装

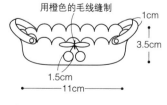

用橙色的毛线缝制

1cm
3.5cm
1.5cm
11cm

需要准备的物品：
手工编织毛线：ECO KIDS（中细线）
橙色（8）22g、红色（9）3g、茶色（11）1g/
各1团
直径1.5cm的纽扣：4枚
钩针：3/0号
成品尺寸：参见图片
针数：每10平方厘米中编织5个花样A（侧面
部分）30针（10.5cm）×6行（3.5cm）

编织秘诀：
起圆形针，编织9行，做底部。然后编织侧面。
编织把手时，起针，从锁针的里山处挑针，另一
半从对面挑半针编织，剩下的半针留出来编织骨
架。在侧面钉上纽扣，在把手的部位编织出纽扣
别儿。樱桃编织到最后一行后，将剩余的线头由
樱桃中间塞入，穿过樱桃的最后一行，然后系
紧。将叶子织好后剩下的线头穿过樱桃，与樱桃
的线头系在一起，藏在樱桃内部。

主体（花样编织A）橙色

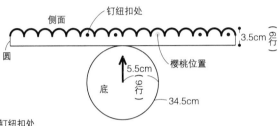

把手（花样编织B）橙色 2根

注：编织到第2行时，通过起针将外侧折叠成2部分，第3行同时挑起第1
行和第2行的头部编织。

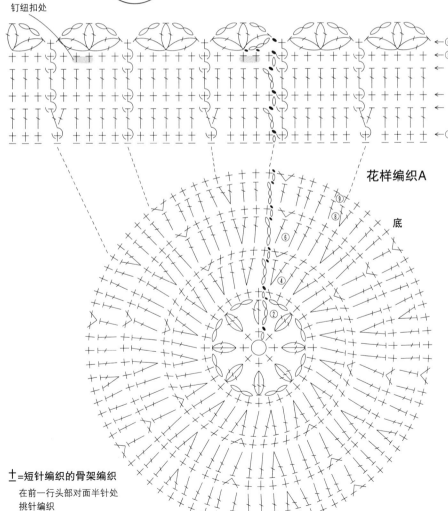

花样编织A

底

十=短针编织的骨架编织
在前一行头部对面半针处
挑针编织

叶子 茶色

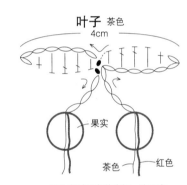

线头穿过果实的中间，在下方
与果实的线头系在一起，将剩
下的线头藏入果实中

果实 红色 2个

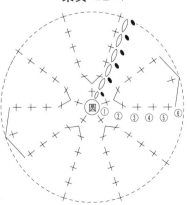

在果实中塞入红色毛线，用剩下的线头挑起面前
的半针、系紧。线头从中间穿过，从下方出来

GENKINA KIDS KNIT (NV80030)

Copyright ©NIHON VOGUE-SHA 2009 All rights reserved

Photographer: TSUNEO YAMASHITA KANA,WATANABE

Original Japanese edition published in Japan by NIHON VOGUE CO., LTD.,

Simplified Chinese translation rights arranged with BEIJING BAOKU INTERNATIONAL CULTURAL DEVELOPMENT Co., Ltd.

本书由日本宝库社授权北京书中缘图书有限公司出品并由河北科学技术出版社在中国范围内出版本书中文简体字版本。

著作权合同登记号：冀图登字03-2013-170

版权所有·翻印必究

图书在版编目（CIP）数据

零起步钩出甜蜜宝贝装 . 2～3岁宝宝的钩针小衣物 /
日本宝库社编著；高蕾译 . –– 石家庄：河北科学技术
出版社 , 2014.11

    ISBN 978-7-5375-7253-8

    Ⅰ . ①零… Ⅱ . ①日… ②高… Ⅲ . ①童服 – 毛衣 –
手工编织 – 图集 Ⅳ . ① TS941.763.1–64

    中国版本图书馆 CIP 数据核字 (2014) 第 224772 号

零起步钩出甜蜜宝贝装：2~3 岁宝宝的钩针小衣物

日本宝库社　编著　　高　蕾译

策划制作：北京书锦缘咨询有限公司（www.booklink.com.cn）

总 策 划：陈　庆

策　　划：李　伟

责任编辑：杜小莉

版式设计：季传亮

出版发行　河北科学技术出版社

地　　址　石家庄市友谊北大街330号（邮编：050061）

印　　刷　北京世汉凌云印刷有限公司

经　　销　全国新华书店

成品尺寸　210mm×260mm

印　　张　5

字　　数　60千字

版　　次　2015年2月第1版
　　　　　　2015年2月第1次印刷

定　　价　29.80元